图解科技译丛

图解宇宙之谜100问

［日］荒舩良孝 著 彭瑾 译

Venus

Mercury

Jupiter

Mars

Earth

Uranus

Saturn

Neptune

 上海交通大学出版社
SHANGHAI JIAO TONG UNIVERSITY PRESS

内容提要

本书为"图解科技译丛"系列之一。主要内容包括宇宙的历史如宇宙的年龄及它的诞生、形态等，宇宙的作用力、宇宙大统一理论及超弦理论，宇宙及其基本粒子，探索宇宙之谜的观测技术，不断变化的太阳系，飞向宇宙的人类等。本书内容丰富、图文并茂，可供广大科普爱好者阅读，也适合青少年知识拓展使用。

图书在版编目（CIP）数据

图解宇宙之谜100问/（日）荒舩良孝著；彭瑾译.
—上海：上海交通大学出版社，2015
ISBN 978-7-313-12338-1

Ⅰ.①图… Ⅱ.①荒… ②彭… Ⅲ.①宇宙－普及读
物 Ⅳ.①P159-49

中国版本图书馆CIP数据核字（2014）第266335号

UCHU NO SHINJOUSHIKI 100
Copyright © 2008 Yoshitaka Arafune
Chinese translation rights in simplified characters arranged with SB Creative Corp., Tokyo
through Japan UNI Agency, Inc., Tokyo

上海市版权局著作权合同登记号：图字：09-2014-142

图解宇宙之谜100问

著　　者：[日]荒舩良孝　　　　　　　译　　者：彭　瑾
出版发行：上海交通大学出版社　　　　地　　址：上海市番禺路951号
邮政编码：200030　　　　　　　　　　电　　话：021-64071208
出 版 人：韩建民
印　　制：上海景条印刷有限公司　　　经　　销：全国新华书店
开　　本：787mm×960mm　1/16　　　印　　张：14
字　　数：147千字
版　　次：2015年4月第1版　　　　　　印　　次：2015年4月第1次印刷
书　　号：ISBN 978-7-313-12338-1/P
定　　价：48.00元

几年前，某个大型通信教育公司的人以高中一年级学生为对象，询问他们在理科领域中最感兴趣的事情，结果关于宇宙的回答占了大多数。宇宙确实是现代很多人所关心的话题。虽然大家都听过很多关于宇宙的话题，但大多数对宇宙特别感兴趣的人，依然时常对浩瀚的宇宙感到神秘莫测。

人们为什么会对宇宙抱有特别的想象呢？我想这是人类的本能所驱使。自从人类在地球上出现以来，"人类是什么？""我们究竟来自哪里？将要去哪里？"这类的疑问一直不断地困扰着我们。

为了解决这些疑惑，人类研究了自己以及周边的环境。研究的对象不仅是地面，还有天空。人们对天上可见的星体，包括星星、太阳等都进行了仔细的观察，从而获得了许多知识。时间的长度、数学的基础、测量的方法、航海术、农业的技术等，各种生活必要的技术都是通过观测行星而获得的。

世界各地遗留的神话故事和创世神话，都是古人用来解答"人类是什么？"的方法。也就是来说明"我们人类的世界是什么"的一种宇宙论。为什么有这块土地，有白天和黑夜，一到夜晚就会出现星星，甚至还会有变幻的四季？为了解决诸如此类无数的疑问，古人才创造了神话，来解释形形色色的现象。

现代随着科学技术的快速发展,科学代替了神话故事来解说这个世界是如何形成的。特别是最近数十年,大型望远镜、人造卫星、探测机、加速器等各种新的技术连续不断地诞生,每次都能探测到宇宙更精确的状态。

我们人类是从哪里来的呢?对这个问题,宇宙学研究所给的明确答案是"来自宇宙"。因为解开宇宙的历史,我们所居住的地球以及太阳都是同一时期从宇宙里诞生的。地球上存在的物质全都来自宇宙。人类也是从地球上存在的物质产生的,追根溯源的话也可以说诞生自宇宙,并且进一步追溯到宇宙诞生的时刻,这个宇宙里所存在的万物,都是由一个初始能量衍生的。人类想要了解宇宙,是因为人类就是宇宙的一部分。了解了宇宙就可以了解人类自己。

本书内容涉及从宇宙论(宇宙的起源、宇宙的形态)到观测技术、人类对宇宙的开发利用等多个领域,介绍了最新的信息以及了解宇宙所必需的知识。随便打开本书的哪一页开始阅读都没有关系,因为每页都是一个完整的内容。本书看上去是一些零散知识的罗列,但笔者认为整体上本书描绘出了从最尖端研究中窥探到的宇宙形态和人类与宇宙的关系。

当然,在一本书里完全阐述广阔的宇宙是不可能的。但是作为了解宇宙研究和宇宙开发的第一步,本书还是可以起到一个索引的作用。囿于篇幅,本书也许有未能详尽说明的地方。如果读者觉得意犹未尽,可以根据本书中出现的关键词进一步从专业书籍里获得更加深刻的理解。

我们在宇宙中居住,如果本书可以使一个人对宇宙产生更加身临其境的存在感,那没有什么比这更值得高兴的了!

荒舩良孝

目 录

第五章 渐渐改变的太阳系 115

第一章
宇宙的简历

　　首先我们来整理一下宇宙的年龄、起源、形态等一些基本的常识。认为宇宙起源于大爆炸的人，请仔细阅读本章，刷新一下自己的大脑！

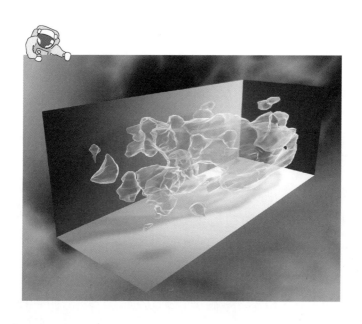

001 宇宙的年龄是100亿岁、120亿岁、140亿岁等，众说
　　纷纭，哪个才是正确的呢？

回答：宇宙的年龄是137亿岁。

　　宇宙起源于何时？对于这个问题，科学家们直到数年前为止都不能给出准确回答，只能说大概在100亿年到200亿年之间。关于宇宙的年龄，在近代科学发展之前，许多人就很关注。1650年，爱尔兰大主教James Ussher根据圣经上的描述，计算出上帝创世的确切时间是公元前4004年。也就是说，根据他的计算，宇宙的年龄大约是6 000岁。这个数字在现代科学看来是非常小的。

　　在科学界，揭示宇宙起源的划时代发现发生于1929年。美国天文学家爱德温·哈勃实际观测到宇宙中所有的天体相互间在不断地远离。他的观测颠覆了认为宇宙始终保持一定状态不变的宇宙稳态论，人们开始相信宇宙以一定的速度不断地膨胀。只要知道膨胀速度，就可以推算出宇宙的年龄。宇宙的膨胀速度，也称哈勃常数，是研究宇宙年龄的重要标准。哈勃最初计算得出的哈勃常数约为526（千米/秒/百万秒差距），因此可以求得宇宙的年龄约20亿岁。可是这样的话，宇宙年龄还不到地球的年龄46亿年的一半。因此若要知道正确的宇宙年龄，就必须要提高观测技术。

　　1990年美国发射了哈勃望远镜，项目小组在1995年公布了哈勃常数为80（千米/秒/百万秒差距），根据这个数值计算，

宇宙的年龄为100亿年左右。但是通过观察宇宙中最古老的球状星系团——由恒星组成的集合，人们推算组成星系团的恒星的年龄在140亿岁以上。这样的观测结果导致了一个很大的矛盾——宇宙中存在的恒星的年龄比哈勃常数得到的宇宙年龄大得多。根据之后的哈勃宇宙望远镜的观测，哈勃常数被定为71（千米/秒/百万秒差距），由此得出宇宙的年龄约为137亿岁。

2003年，NASA发射的微波观测卫星WMAP（威尔金森微波各向异性探测器）成功地精确观测到宇宙大爆炸之后的光（宇宙背景辐射）。根据这个观测结果，求得宇宙的年龄是137亿岁，这个结果具有很高的精度。因此，目前宇宙年龄的最准确数字是137亿岁。

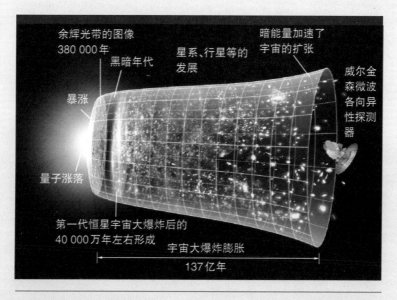

从诞生到现在，宇宙演化的图片。
宇宙刚诞生之后，一口气膨胀而变得浩瀚无边，现在仍一直持续不断地膨胀着
（出处：NASA）

002　宇宙从大爆炸开始诞生的传闻是真的吗？

回答：在现代宇宙论里，宇宙是由"无"开始诞生的。

　　大爆炸理论是非常有名的理论，所以我们通常认为宇宙是从大爆炸中诞生的，但是大爆炸通常被认为是宇宙诞生 10^{34} 分之一秒后才出现的，因此大爆炸并不是宇宙真正开始的时间。

　　那么，宇宙的开始究竟是什么时候呢？现代宇宙论认为，宇宙是突然某一天，从什么都没有的"无"的世界里产生的。所谓"无"就是我们的感觉无法捕捉到的世界。从分子和原子的层次来看，即使是在我们认为的不存在任何物质的真空世界，我们也没办法完全去除一切物质。但是这里所说的"无"是真正的什么都没有的世界，不要说物质，哪怕是光和时间也不存在的世界。一般认为就是从这样一个什么都没有的世界里诞生了 10^{34} 分之一厘米的小宇宙。

　　宇宙为什么会诞生于什么都没有的"无"呢？能够解开这个谜团的钥匙是近代宇宙演化史。描述微观世界的量子论认为事物没有完全静止的。即使是"无"的状态也会产生极其轻微的扰动，不会全部是完全均匀的状态。这个微扰就是宇宙诞生的种子。一般认为在宇宙出现之前的"无"的状态里，诞生了几个极其微小的宇宙，但最后都消失了。

　　从"无"诞生的 10^{34} 分之一厘米的小宇宙之后是如何成为我们的宇宙的呢？其实，宇宙诞生 10^{44} 分之一秒后，开始大幅度转变。从 10^{44} 分之一秒到 10^{34} 分之一秒这一极短的时间里发生了被称作"暴涨"的宇宙激烈膨胀,暴涨了10^{100}倍。最初诞生的宇宙,物质是完全不存在的,但是真空中充满了能量。一般认为是这个真空的能量引起了"暴涨"。

在宇宙诞生10^{34}分之一秒后,大爆炸开始爆发了。大爆炸使得真空能量转化为热能,宇宙处于超高温和超高密度的"火球"状态,这时光和物质诞生了。大爆炸之后宇宙停止了急剧暴涨,但仍然以一定的速度在膨胀着。最近的观测发现,现在宇宙的膨胀速度恐怕正在加快。有的科学家甚至认为宇宙正在开始第二次"暴涨"。

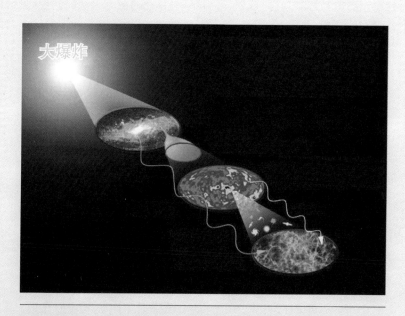

〔宇宙大爆炸〕
宇宙从无开始,急剧地膨胀〔暴涨〕之后,发生了大爆炸　　　　　　　　（出处：NASA）

003 大爆炸之后宇宙又发生了什么呢？

回答：热能量从真空中释放出来、物质得以形成。

大爆炸之后宇宙中发生了什么变化呢？用一句话来说，就是充满宇宙的真空能量发生了变化，庞大的热能瞬间释放了出来。大爆炸使得宇宙处于"火球"一样的灼热状态。那么后来"火球"状态的宇宙发生了什么变化呢？

随着大爆炸的发生，宇宙获得了热能量，物质得以形成。要问大爆炸之后最初形成的物质是什么的话，那就是夸克等基本粒子。

基本粒子就是构成物质的不可再分的最小单位的粒子。包括地球、太阳等天体，人类的身体以及可以看到的或者可以触摸到的全部东西都是物质。我们知道不管是什么样的物质，从微观的角度看，都是由原子组成的。所以，人们一度认为原子就是物质构成的最小单位。但是随着原子物理研究的深入，科学家得出原子是由原子核和电子组成的，而且原子核可以进一步细分为质子和中子，质子和中子分别是由3个夸克形成的。因此基本粒子除夸克之外还有电子、中微子等几种。我们认为宇宙中所有的物质都是由这几种基本粒子所组成的。

基本粒子构成质子和中子，大爆炸发生约3分钟后，原子核诞生了。这个时候首先产生的是由单个质子组成的氢原子核、单质子和单中子组成的氘原子核、双质子和双中子组成的氦原子核等构造比较简单的原子核。这个时候原子核和电子是分别存在的，所以光子打到电子上只产生散射而无法直线前进。宇宙就像充满小麦粉的房间一样呈不透明的状态。

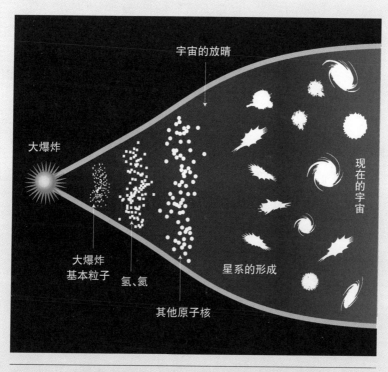

大爆炸之后的宇宙。大爆炸以后基本粒子产生，并演化成各种天体

（出处：NASA）

004 曾经听说过宇宙放晴这个词，这是什么意思呢？

回答：宇宙的放晴就是指原子诞生的时候。

宇宙诞生约3分钟之后，原子核等粒子开始形成。之后的世界一直处于原子核及电子等粒子交错乱飞的状态。我们平常所生活的世界不会出现原子核交错乱飞的状况，物质基本上都是不带电的中性状态而且呈现出固体、液体、气体中的某种状态。

这个时候的宇宙的温度大约是10亿摄氏度。温度高的时候，原子核即使不依靠电子也能够存在。原子核和电子的粒子交错乱飞的状态被称为等离子状态。这一状态可以在雷和极光等自然现象中看到。原子核产生的时候，整个宇宙确实处于一种等离子状态，原子核和电子飞来飞去。

这种状态持续了数十万年。原子核带有正电荷，电子带有负电荷，互相吸引也就不足为奇。实际上，飞来飞去的原子核和电子肯定会多次碰撞，相互吸附在一起。但是为什么数十万年间宇宙一直处于等离子状态呢？答案就是高能光子的撞击。在大约10亿摄氏度的超高温的状态下，光子具有很高的能量。即使原子核和电子吸附在一起也会频繁地受到高能光子的撞击，然后原子核和电子又会分离并继续维持在等离子状态。

如果宇宙不膨胀的话，可能这种等离子状态会一直持续下去。不过由于宇宙在大爆炸之后继续膨胀，宇宙的体积随着膨胀也在增加，因此能量和物质的密度就会变低。也就是说宇宙整体的温度在下降。然后在其诞生约38万年之后，宇宙的等离子状态终于结束了。宇宙的温度下降到了大约3 000摄氏度的时候，原子核和电子相互吸引形成原子。电子被收纳到原子里，因此光子不再散射。光子可以沿直线方向射向四面八方。这就是"宇宙的放晴"。

宇宙放晴以前的状态就仿佛置身于厚厚的云层中，我们不能看到在这之前的光

（出处：NASA）

005 原子形成后，宇宙发生了怎样的变化？

回答：原子聚集起来形成了恒星和星系。

大爆炸约38万年后，原子核获得了电子，形成原子。在形成原子之前原子核带正电荷，因为相互排斥而无法聚集。

但是这个时候产生的原子是电中性的。也就是说相似原子间靠近之后不会产生排斥的电磁相互作用，不但如此，同一空间内的原子间存在相互吸引的万有引力的影响，然后恒星就逐渐形成了。

宇宙中最初诞生的原子是氢和氦。氢和氦作为气体在宇宙空间里不断扩散。非常有趣的是，氢和氦这两种气体，在浩瀚的宇宙空间里并没有各向同性地膨胀。如果是各向同性地膨胀，任何空间的密度都不变，那么气体在膨胀的空间里面也会均匀分布，但是气体的不均匀膨胀，使得空间产生了高密度的地方和低密度的地方。

密度大的空间，气体自身的引力强大使得周围的气体靠近，从而气体密度大的地方密度会变得更大。密度变大使得引力变强，于是强引力使得周围的气体靠近，不止如此，气体自身也会因引力而产生塌缩。塌缩的气体形成了恒星并向着星系发展。

这个从大爆炸开始到生成星系的故事在1992年得到证明。宇宙背景辐射作为大爆炸理论的证明在1965年被首次观测到。这个时候被观测到的宇宙背景辐射温度在空间是均匀分布的。

这个结果使得有些科学家认为宇宙密度没有不均匀，如果宇宙密度没有不均匀，那就必须重新考虑这一模型。但是1989年发射的人造卫星COBE观测到宇宙背景辐射的不均匀程度为十万分之一。这个结果进一步证明了大爆炸理论的正确性，恒星和星系形成之前宇宙的发展梗概也有了了解。

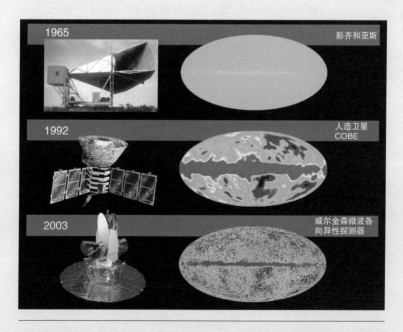

宇宙背景辐射的观测历史。最上面的是1965年首次观测到的结果。正中间的是COBE观测到的，最下面的是WMAP的观测结果。观测手段的每一次更新都能够得到更加精确的观测结果　　　　　　　（出处：NASA）

006 氢、氦之外的元素是如何形成的?

回答:由恒星创造出来。

恒星刚开始形成的时候,宇宙中只有氢、氘、氦等轻元素。因而这些轻元素是早期恒星的主要组成部分。大量的氢和氦等气体凝聚成团,因为自身的重力而朝着中心塌缩。这个时候由于恒星内部处于超高密度和超高压状态,恒星内部开始产生核聚变反应。这个核聚变反应就是恒星光辉的来源。伴随着这些核聚变反应,宇宙里新的元素开始陆陆续续地产生了。

作为核聚变的能量源,恒星最开始使用的是氢。氢的原子核由单个质子组成。两个氢原子核聚变形成氘,氘原子核由单质子和单中子组成。氘原子核和氢原子核聚变反应产生由2个质子和1个中子组成的质量数为3的氦原子核。质量数为3的氦原子核和氢原子核聚变反应后,就形成了由2个质子和2个中子组成的氦原子核。

就这样通过氢原子核制造出了氦原子核。氢原子慢慢地进行着核聚变,但随着时间流逝,作为燃料的氢原子越来越少,于是接下来就开始了以氦原子为燃料的核聚变反应。3个氦原子核相撞后产生核聚变反应结合成一个碳原子核。等氦元素消耗殆尽后,碳元素的聚变反应就逐渐开始了。如此这番,在恒星的内部,从质量小的元素到质量大的元素就逐渐形成了。

通过核聚变反应能形成哪种元素取决于恒星质量。质量为太阳8倍左右的恒星只可以形成碳和氧。更重的恒星中，碳和氧可以形成氖和镁，且进一步反应形成硅和铁。一般认为恒星内核聚变反应一直到合成铁原子核为止。

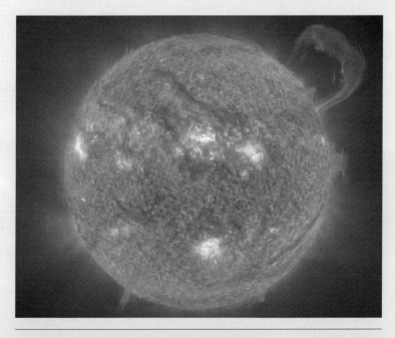

太阳通过以氢元素为燃料的核聚变反应产生氦元素　　　　　（出处：NASA）

007 比铁重的元素是如何形成的？

回答：通过超新星爆发而形成。

刚诞生之后不久的恒星，主要成分大部分是氢。随着核聚变反应的进行，恒星中心部分按照氢→氦→碳·氧→氖·镁→硅→铁的顺序变化。由于铁原子核是宇宙里状态最稳定的原子核，因此无法通过核聚变反应释放核能。也就是说，铁原子核成为恒星中心部分后，恒星就不会再发生核聚变反应。恒星会发光是因为内部不停地发生核聚变反应，不再发生核聚变反应，意味着恒星迎来了死亡。由铁元素构成的恒星最后迎来了超新星的爆发。

一直发生核聚变反应直到形成铁元素的恒星，其质量是太阳质量的8倍以上。之后无法再次引起核聚变，那么理所当然的，中心部分会慢慢冷却。于是中心部分剧烈地塌缩。这个时候的塌缩力非常强，恒星内的铁原子核（主要是铁）被压碎为氦原子核、质子以及中子。在恒星内的原子核被破坏的过程中，恒星的能量随着许多中微子的产生和放射，更进一步地向外流出。恒星中心部分随着能量的流失加速推进塌缩。

恒星中心部分随着塌缩形成超高密度状态。重力随着密度变大而变大，恒星外侧层的气体也被吸引向中心部分下落。这时气体快速下落使得温度升高，激烈的膨胀，引起了大爆炸，这就是超新星爆发。

超新星爆发后，气体物质激烈升温，产生膨胀，与原本恒星内存在的各种各样的原子核以及质子、中子发生核聚变反应,合成出比铁重的元素。特别是比铁原子核重的原子核通过中子俘获反应,一下子形成了比铀还要重的元素。根据超新星爆发的观测,原子序数98的锎被确认在此过程中合成,因此可以认为几乎所有比铁重的元素都是通过超新星爆发形成的。

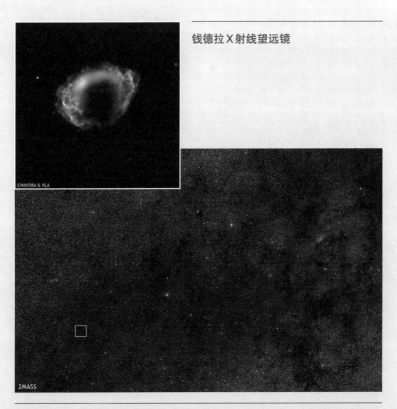

钱德拉X射线望远镜

由钱德拉X射线天文台观测到的,银河系中心附近距今约140亿年前超新星爆发的残骸
（出处：NASA）

008　超新星爆发后恒星变成了什么样子呢？

回答：质量是太阳质量8~30倍的恒星成为中子星。

超新星爆发后的恒星命运到底会如何呢？不同质量的恒星，最终的结果是有差异的。

当恒星的质量是太阳质量的8~30倍时，超新星爆发后会残留小型天体。天体的半径最大14~16千米，但密度非常高。1立方厘米约重10亿吨，是宇宙中数一数二的超高密度状态。观察天体的内部构造，可以发现几乎都是成为超流体的中子。是超新星爆发的时候，原子核被巨大的引力挤压破碎，中微子喷射之后残留的中子凝聚。这个天体主要由中子构成，因此被称为中子星。

第一个中子星是1967年被观测到的。但是当时并不知道这个天体是不是中子星。这个天体是英国天文学家安东尼·休伊什、乔丝琳·贝尔发现的。当时休伊什使用备受关注的新观测手段电波望远镜来观测的时候，捕捉到来自天体的奇怪的周期性脉冲射电辐射，其周期精确为1.337 301 1秒。因为看上去似乎是有规律地闪烁，这个信号被命名为脉冲星信号。

一开始有说法认为脉冲信号是外星人发射的信号，但继续观测发现它是中子星发出的电波束。中子星本来是1930年代被预言的事物，由于脉冲现象的发现而首次被证实存在。

为什么可以看到脉冲有规律地忽明忽暗呢？这是因为电

波束的放射轴和中子星的自转轴并不一致。中子星沿着自转轴旋转,在地球上观测的话,只有当放射轴面向地球时脉冲波才可以被观测到,所以看上去忽明忽暗。

超新星爆发以后产生的中子星以及周围散落的恒星残骸,从残骸中诞生了新的恒星和行星
（出处：NASA）

009　质量相当于太阳质量 30 倍以上的恒星发生超新星爆发
　　　之后，会怎么样呢？

回答：成为黑洞。

恒星的命运是由质量决定的。太阳质量的 8 倍到 30 倍的恒星经超新星爆发形成了中子星，太阳质量 30 倍以上的恒星在超新星爆发后最终成为黑洞。黑洞在科幻电影和动画片中经常出现，也许很多人会认为它是完全虚构的，但其实它真的存在。

人类开始意识到黑洞的存在是在阿尔伯特·爱因斯坦的广义相对论提出之后。广义相对论认为引力是引起时间与空间扭曲的力量。也就是说，由大质量的物质产生引力，并使得时间和空间扭曲。

广义相对性的理论发表于 1916 年，德国的天文学家卡尔·史瓦西将这个理论继续发展，提出了史瓦西公式来推导恒星表面和内部的引力。其计算结果表明把恒星的质量塞进越来越小的领域的话，超过某一临界时，就会产生一个连光都无法逃出的视界。这就是有关黑洞的最开始想法。

这个结果被发表后，以爱因斯坦为首的许多科学家对此持否定态度，认为这样的视界不可能存在。但是 20 世纪 60 年代脉冲星和类星体被观测到后，越来越多的人认为黑洞可能是现实存在的。之后在 1971 年，世界上第一个 X 射线天文卫星（乌呼鲁）的观测结果证实了黑洞的真实存在。

第一个被认定为黑洞的是被称作"天鹅座 X-1"的天体。

这个天体是由黑洞和被黑洞吸收气体的伴星组成的双星系统。伴星气体被黑洞吸收并形成一个吸积圆盘,吸积圆盘里的气体高速旋转并下落到黑洞中心处,闪闪发光,并放射出高能量X射线。乌呼鲁卫星就是捕捉住了这样放出的X射线。

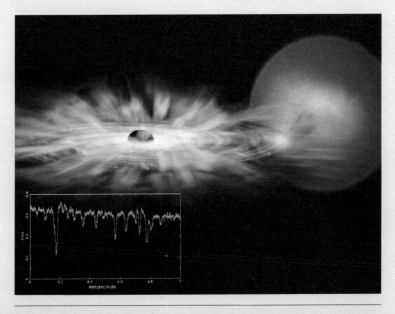

黑洞吸收伴星的气体,形成吸积盘,伴星的气体落入黑洞的时候,X射线就会发射

（出处：NASA）

010   所谓的黑洞究竟是怎样的天体呢？

回答：巨大的引力源周围连光都无法逃出的视界。

黑洞指具有超级大的引力连光都无法逃离的视界。质量很大的巨恒星在演化末期无法完全支撑自身的强大引力而发生超新星爆发，到这一阶段为止都和中子星是同样的走向，只不过黑洞进行收缩使得中心密度趋于无限大。典型的黑洞就是将约太阳10倍大小的质量集中于一个奇点。这样一来就形成了一个半径30千米左右的连光都无法逃离的黑洞。

在地球上物体上抛后会因为地球的引力而返回地面。地球上能够摆脱地球引力的脱离速度为每秒11.2千米，如果是比这个更快的速度，就能够到达地球引力圈之外。但是在黑洞的情况下，脱离速度为光速，所以哪怕是光进入黑洞也没法摆脱。脱离速度为光速的视界的界面被称作视界线。被视界线包围的视界的大小由黑洞的质量决定。质量为太阳的10倍时，视界半径为30千米。黑洞质量是太阳的10亿倍的话，视界半径就是30亿千米，这个大小可以把太阳到土星都完全放下。

进入视界线的话，哪怕是光也无法脱离。这个领域中会发生什么样的事情呢？在视界线外面的我们是无法知道的。理论上来说，越过视界线的物质，在黑洞引力的影响下前后被拉伸呈细长状。越是靠近奇点引力就越大，所以拉伸的力量也就越大，逐渐被分解得越来越小，变成原子核、基本粒子等。于是在靠近奇点的时候，不存在物质，只有能量。

典型黑洞的样子。吸积盘形成后从中心部分喷出了高速的气流

（出处：NASA）

011 关于宇宙的样子，人们了解到什么程度呢？

回答：宇宙究竟是什么样子，没有人知道。看待宇宙的方法是随着时代而不断变化的。

　　我们生活在地球上。众所周知,地球被浩瀚无边的宇宙空间包围着。离地球很近的空间或距离我们数百光年的空间都同样是宇宙。无论是距离地球较近还是较遥远的地方,都被我们称为宇宙,这也是为什么我们无法准确看待宇宙的原因之一。

　　随着观测技术的进步,人类能够认识的宇宙世界还在不断扩大。从古代到中世纪,站在地球上看到的便是宇宙的全部。从地球上看,太阳和星星像是绕着地球旋转,即地球是宇宙的中心。然而随着对太阳与别的行星的运行的深入观测,后来得出地球是围绕太阳旋转的结论。即使是在人类相信地球是宇宙中心的时代,菲洛劳斯在公元前4世纪时、阿利斯塔克在公元前3世纪时便已然提出了地动说(地球是围绕太阳或天的中心旋转)。

　　人们对宇宙的认识产生巨大转变是从17世纪开始的。在那之前尼古拉·哥白尼和伽利略·伽利莱主张地动说,可是以当时拥有绝对权威的罗马教会为代表的人们并不相信这个理论。但是艾萨克·牛顿在他的著作《自然哲学的数学原理》一书中,将力学进行了体系上的总结,说明了太阳系的天体是如何运动的,以及如何理论地说明其运动法则。从牛顿的理论得出了宇宙的中心并非地球而是太阳的结论,太阳系这一概念便诞生了。

然而宇宙并没有就此局限于太阳系内。大约在1840年,德国的弗里德里希·威廉·贝塞尔与英国的托马斯·詹姆斯亨德逊分别成功观测到距离地球11.2光年的天鹅座61号星以及距离地球44光年的半人马座α星到地球的距离,确认地球上所能观测到的许多恒星其实存在于太阳系以外。之后陆续明白了银河系是由恒星聚集在一起形成的,而且银河系之外还有更多的星系。

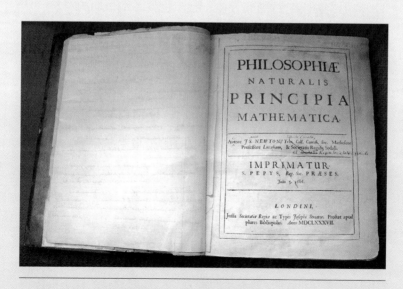

《自然哲学的数学原理》第二版。此本为牛顿自己所持有,存在一些修改的痕迹

012　太阳系之外是什么样子呢？

回答：太阳系之外存在很多恒星，其构成了银河系。

　　我们人类所描绘的宇宙蓝图一直随着时代而变化着。因为我们自身生活在宇宙中，不能客观地对整个宇宙进行观察，对宇宙只能理解到我们所能看到的范围。在没有望远镜的时代，人们在夜空中能看见的星星就是宇宙的全部，地球一直被看作是宇宙的中心。但是随着观测技术的进步，人们知道地球仅仅是太阳系众多行星中的一个，即地球是围绕太阳旋转的天体。

　　太阳，给予地球热和光等等能量。因为有太阳，所以包括人类在内的动植物才能在地球上生存。于是从古代文明的时代起，太阳作为一个特别的天体一直是世界各地信仰的对象。从宇宙的角度来说，太阳不是什么特别的天体。太阳是太阳系内唯一的恒星，但是太阳系以外与太阳同样的恒星有很多。其实在夜空闪闪发光的星星都是与太阳相同的恒星。

　　而后恒星渐渐集中起来便形成了星系。我们的太阳系所在的星系被称为银河系，太阳只是众多恒星中的一个。银河系的直径大约为10万光年，其形状为薄薄的圆盘状，这其中大约存在2 000亿个恒星。然而据估算地球上只能看到约8 000个恒星。这两个数字的比较让我们明白银河系究竟是多么浩瀚。

　　然而，这些恒星在银河系中并不是均匀分布的，在银河系中恒星有密集的部分和稀疏的部分。这样的分布造就了可称为银河系的特征的漩涡构造，在作为银河系的一部分的地球上，欲

捕捉到银河系的整体形态是很困难的。然而奥尔特在1958年
使用电波成功对其进行了观测。由于这个结果，很长一段时间
人们一直认为银河系是漩涡星系。然而最近的一些观测结果显
示，其中心部分可能是棒状的构造，银河系与其说是漩涡星系，
更有可能是一个棒漩涡星系。

使用红外线拍摄到的银河系的中心方向，许多恒星并列成一个薄层

（出处：NASA）

013 宇宙在银河系之外也是同样浩瀚无边吗？

回答：当然,银河系之外的宇宙还很广袤,存在着许多星系。

那么,银河系之外究竟是怎样的呢？我们把目光朝向银河系之外,会发现银河系以外也有很多星系存在。

直到进入20世纪,人们才知道银河系之外还存在更多天体。然而在夜空中明显与恒星不同并闪烁着光辉的不一样的天体,便是星云。

恒星在我们看来是如同针孔般的小点,而星云看上去像一大片朦胧发光的云。恒星中的尘埃和气体使其成为看上去模糊发亮的星云。然而很早以前很多不是星云的东西都曾被称为星云,其代表为仙女座星云。

20世纪以前,人类并不认为银河系之外存在天体。当时人们认为所有天体都存在于银河系之中,银河系就是宇宙。然而经过一再观测,人们开始普遍怀疑仙女座星云有可能是银河系之外的天体。这个问题在天文界产生了极大的争论,长时间都未得出结论。

1924年爱德温·哈勃终于给仙女座星云到底在银河系之内还是在银河系之外这个问题打上了句号。他计算出仙女座星云的距离并查明了仙女座星云为银河系以外的独立的星系。而且仙女座星云和银河系同样是有着数千亿个明亮的恒星聚集的星系,于是仙女座星云被称为仙女座星系。后来人们渐渐知道了在银河系以外有许多类似仙女座星系的星系。

距离我们银河系最近的星系：仙女座星系　　　（出处：NASA）

014 宇宙中星系是最大的天体吗？任何空间都存在星系吗？

回答：在宇宙中，星系聚集起来形成更大的构造，其中既有星系
密集的部分，也有完全不存在星系的部分。

当人们知道银河系之外有许多星系存在之后，宇宙变得更加广袤了。然而宇宙中星系的分布成为新的谜团。许多人认为星系在宇宙中广泛分布，到处都有星系聚集成的星系团。

然而经过调查研究，人们渐渐了解到宇宙不仅有星系密集的地方，也有基本不存在星系的地方。美国天文学者玛格利特·盖勒给出了宇宙中的清晰的星系分布示例，她调查了 1 786 个星系的位置并在 1986 年发表了其分布情况。

根据这个报告，人们了解到星系是以像空泡一样的构造分布的。气泡的外侧与内侧通过薄膜相隔，膜的内侧和外侧只存在空间。星系也同样排成队形成一个薄膜状，星系的膜的内侧和外侧叫做虚无空间。并且此构造遍布整个宇宙，就像一串串葡萄一样，许多气泡连续不断地大规模地构造起来，据说一个大的气泡直径可达到一亿光年。

随着之后观测星系数量的增加，人们又发现了长为 6 亿光年以上的巨大的墙壁构造。数千个星系形成细长的墙壁，将宇宙空间大范围切分，于是这个巨大的墙壁便被称作长城，如今已发现十几个长城。最初被认为到处都遍布星系的宇宙，实际上是气泡和长城等大规模结构，既有星系集中的地方，也有类似空洞的虚无空间，呈现出不均衡的姿态。虽然目前我们知道的

大规模构造只有长城结构，但如果开发出更加高精度的观测技术，就可能发现更大的构造。

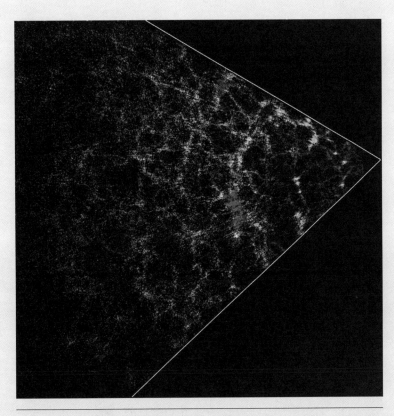

在宇宙中，星系组成了一个像气泡一样的大规模结构。有色部分为星系，没有星系的地方是广阔的虚无空间

015 宇宙的大规模构造是如何形成的？

回答：可能是由于初期宇宙振动所产生的暗物质的密度分布而
　　形成的。

宇宙中的大规模构造究竟是怎样形成的，现在还没有明确
的答案。目前认为可能是由于宇宙诞生不久时形成的微小的密
度不均衡，渐渐成长，最后形成了大规模构造。

然而微扰成长的解释存在难点，恒星和尘埃等可见物质产
生的重力太小，137亿年无法满足通过微扰成长达到现在这样
的大规模构造状态所需的时间。为了解决宇宙的年龄和宇宙成
长速度之间的矛盾，宇宙中必须存在更大的质量。因此这里被
关注的便是在宇宙中大量存在的不明真面目的暗物质。

人们一般认为暗物质与星系、星系团的形成有关，且其质
量密度是可见物质的数倍。由于高密度暗物质的存在，其产生
的重力也就更大，因此可防止大规模构造形成的时间超越宇宙
的年龄。如果这个想法是正确的话，那么暗物质在决定大规模
构造的过程中便承担着重大的角色。

那么暗物质是怎样影响到宇宙大规模构造的形成的呢？
我们说一下现在通常认为的银河形成论的故事。初期的宇宙
也包含暗物质，物质呈现均匀的分布。然而由于宇宙的微扰，
便开始出现暗物质变多和变少的地方。比周围暗物质多的地
方，因自身的重力吸引着别的地方的暗物质，随着时间的流逝
暗物质的分布便渐渐地形成像网眼一样的形状。之后随着暗

物质的重力的影响,可见的物质如尘埃和气体也被吸引,便形成了恒星和星系。

　　暗物质的骨架形成的地方陆续形成一个接一个的星系。最终,星系的大规模构造遍布整个宇宙。

武仙座超星系团901/902内的暗物质分布。紫色部分是超星系团内分布的暗物质

（出处：NASA）

第二章
黑暗中的宇宙

　　每天宇宙中都有新的发现,那么人类对宇宙究竟能做出多少解释呢? 在这里,我们将送给读者关于宇宙的理论,例如宇宙的相互作用、大统一理论和超弦理论等。

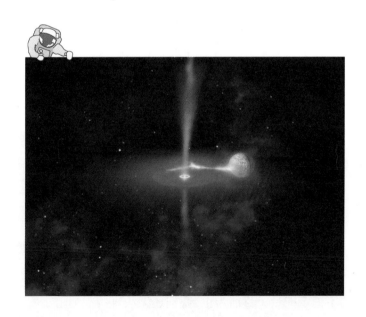

016　宇宙的年龄和起源已经知晓，还有何未知的呢？

回答：宇宙是由什么构成的呢？人们已知的宇宙仅占所有宇宙
　　　的百分之四。

　　仰望夜空，除了一些恒星在闪烁之外，还有行星、小行星、彗星等天体在宇宙中穿梭。随着对宇宙的精密观测，我们自认为对宇宙有了很多的了解。实际上，虽然我们关于宇宙的知识在增加，然而宇宙的谜团同样也在不断增加。最好的例子就是关于宇宙构成元素的问题。

　　这个广阔的宇宙究竟是由什么组成的呢？这个答案目前基本上仍然是未知数。肉眼可观测到的那些天体是由什么构成的呢，答案是大量的原子。然而构成宇宙的所有能量之中，原子所占的比例只有4%。余下的96%是什么呢？这个目前还完全无法知晓。

　　根据WMAP获得的观测信息计算，余下的96%中，23%是暗物质，73%是暗能量。仅仅就这个结果来说，我们似乎感觉取得了很大的进步，但事实上我们依然停滞不前。为什么这么说呢？这是因为对于暗物质和暗能量是什么，我们仍然完全不了解。

　　一般认为，所谓暗物质就是无法通过可见光或者电磁波进行观测的谜一样的物质，所谓暗能量就是和暗物质一样，真相不明的不稳定能量。目前为止，我们还无法直接观测暗物质或者暗能量，无法探明其真面目。

我们现在即便尽全力也仅能够观测到宇宙全部的4%。而且若是问能否观测到整个宇宙所存在的天体，目前我们同样也做不到。我们所能知晓的宇宙，仅仅只是庞大宇宙的一小部分而已。

微波观测卫星WMAP。2001年6月30日WMAP发射升空，并开始观测大爆炸遗留的宇宙背景辐射
（出自NASA）

WMAP观测到的宇宙背景辐射。WMAP捕捉到的电波波动由颜色的渐变来表示。这个波动的调查使得宇宙的年龄和构成要素变得明朗

（出自NASA）

017　经常听说的暗物质、暗能量究竟是什么呢？

回答：指电磁波无法观测到的暗物质和暗能量，它们的真面目目前尚不清楚。

从宇宙整体能量来看，整个宇宙之中，恒星或者其他能够进行观测的天体物质只占到4%。余下的96%到目前为止是我们的眼睛无法捕捉的形态且无法进行观测。我们容易认为眼睛看到的就是全部，但是从观测结果看，这个宇宙可以说正是96%的看不到的能量支撑了4%可以看到的物体。

96%的宇宙能量中23%是暗物质，73%是暗能量。暗物质与暗能量在日语中被称为"黑暗物质"、"黑暗能量"。加上"暗"或者"黑暗"这样的词，我们会产生"这是某些邪恶的物质或者能量"的印象。而其实这些词语用在这里的意思是指电磁波所无法观测到的未知物质或者能量。

我们使用光（可见光）、红外线、X射线等电磁波观测天体，但是对于暗物质或者暗能量，这些电磁波也无法观测到。因此我们完全不知道这些物质究竟是什么。然而根据WMAP等的观测结果，如果说宇宙中不存在暗物质或者暗能量，就会不符合逻辑。现在世界上的科学家正在对其进行研究，探明其真正的面目。暗物质或者暗能量是如今的宇宙论中，最引人注目的学科领域之一。

暗物质是电磁波也无法探测到的物质，怀疑可能存在暗物质的问题起源于1927年荷兰的天文学家简·亨德里克·奥尔特明确提出的质量消失的问题。奥尔特调查了距离太阳系300光年以内的恒星的运动，然后根据其运动速度推算其质量。由于恒星的运动是受质量的分布所支配的，如果调查各个恒星的运动速度，就能够推断出他们的质量。然而奇怪的是，在相同的范围内根据恒星运动推算得到的质量却是所有天体总质量的1.6倍。当时人们认为这个问题随着观测技术的进一步发展便可得到解决，然而至今人们对于暗物质的真面目仍是一无所知。

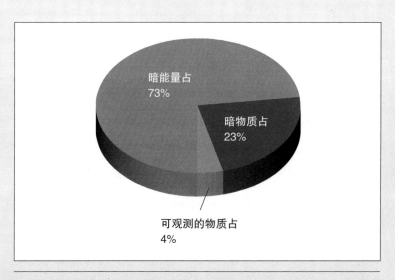

宇宙的构成要素。真相不明的暗物质和暗能量占了96%

018　暗物质的真面目我们目前还完全不知道吗？

回答：虽然不知道暗物质的真面目，但是总结一下到目前为止的研究成果，我们便可发现几个特性。

　　暗物质究竟是什么样的物质呢？这个世界上还无人知晓其真面目。然而，通过以往的研究，我们发现了暗物质应该会具备的特性。

　　首先，理所当然，暗物质是肉眼无法看到的。看到物体这一行为从物理上进行解释的话，就是眼睛捕捉到物体所发射、反射的光，并将该信息经过大脑进行分析或者赋予其一定含义。光是电磁波的一种，处于人类眼睛捕捉范围内的电磁波被称作可见光或者光。

　　除了可见光之外还存在其他的电磁波，不同波长的电磁波的物理特性也不同。虽然有些恒星无法被人类的眼睛直接看到，但是仍能够通过电波或红外线等可见光波段以外的电磁波观测到。因此"眼睛看不到"这种语言表达方式，用宇宙学的专用语言来表达便是"电磁波无法观测到"。

　　暗物质第二个特性便是大量存在。宇宙中数不清的恒星或者气体等可观测的物质仅仅占了宇宙整体的4%。我们知道，暗物质占了23%，大约为可观测物质的6倍。对于我们人类来说，暗物质是无法直接看到的，因而会觉得它很特别。然而若将暗物质放到宇宙角度来看，则必须是比能够直接看到的天体还要多许多的普遍的存在。

　　第三个特性就是寿命长。暗物质是星系或者星系团形成大规模构造中不可或缺的存在。观测结果表明，在地球诞生130亿年前就存在星系，从这个事实来看，星系至少在约130亿年前就开始存在了。作为星系进化过程的假说，现在被重视的星系形成论认为暗物质的集中是星系诞生的基础。因此暗物质在比130亿年还要早的时候就存在了，所以必须要有星系的年龄，即以百亿年为单位的很长的寿命。

　　暗物质如果没有这里的三个特性，那么宇宙论也就无法成立。暗物质的真面目尚不清楚，但是根据这些性质，寻找暗物质的候选物质的研究目前仍在继续。

环状分布的暗物质。通过引力透镜计算得到的暗物质分布被重叠到实际拍摄到的星系团画面上

（出处：NASA）

019　我们为什么会知道有看不到的暗物质存在呢？

回答：从星系的运动推算出的质量同实际的天体质量不同，由
　　　此我们得知了暗物质的存在。

　　通过对太阳系附近的研究，我们发现了缺失质量的问题。这一问题广泛地存在于整个银河系。银河系是由许多恒星及气体形成的圆盘。就像太阳系的行星围绕在太阳周围旋转一样，银河系整体都在不停旋转。银河系是由恒星和气体等构成的天体集合。由于银河系不是坚硬的岩石，因此在旋转运动下恒星和气体零零散散地飞散掉也并不奇怪。

　　然而为什么银河系可以一直保持漩涡状进行旋转呢？其秘密存在于星系晕里。所谓星系晕就是包围着星系圆盘且天体密度比圆盘部分低的扁球形区域。星系晕中存在着巨大的质量。银河系的质量，只算圆盘部分的质量，就达到了太阳的大约600亿倍，而如果包含银河晕的部分的话，就会超过太阳一万亿倍。

　　银河系的质量看上去都集中在中心部位，然而实际上并不是这样的。而且根据旋转速度进行研究，我们可以得知银河系的质量分布是按照其同中心部位的距离成比例增加的。

　　但是离银河系圆盘中心越远，天体的密度就越低、越暗。实在是难以想象这里存在着巨大的质量。导致这一落差的原因究竟是什么呢？于是一般人们认为这就是暗物质。也就是说银河系之所以能够维持旋涡状进行旋转是因为肉眼看不到的暗物质的存在在起作用，不如此考虑的话不符合物理逻辑。根据1970

年代到1980年代对许多圆盘星系旋转速度的调查结果来看，如同银河系一样，其他的星系如果不考虑暗物质的存在同样是不符合物理逻辑的。

另外也调查了其他形状的星系的质量，发现实际质量是可见星系和气体的质量的几倍到几十倍的数值，这也证明了星系内存在暗物质。由这些观测结果可得知，无论什么形状的星系，构成星系的要素均包含暗物质这一论点已经再清楚不过了。

x射线观测卫星钱德拉捕捉到的椭圆星系NGC4555中存在的暗物质的晕

用可见光观测到的同一个星系　（出自NASA）

020 暗物质和大规模构造紧密相关，这么说有证据吗？

回答：根据哈勃太空望远镜和昴星团望远镜（Subaru Telescope）的观测结果，我们得知暗物质同样形成着大规模构造。

暗物质在这个广阔的宇宙中是如何分布的呢？在得知暗物质存在之后，许多研究人员们正在专心致力于研究这个问题。然而，暗物质既不会发射电磁波，也完全不会被肉眼所捕捉，到底有什么方法可以研究暗物质呢？实际上是有的，其关键就是万有引力。暗物质虽然不会被肉眼看到但是存在质量。也就是说，在万有引力作用下，其具有吸引周围物体的能力。如果能够捕捉到这一万有引力效果，即使是不发射电磁波的物体也能够被观测到。

那么，如何能够捕捉到万有引力的效果呢？现在使用的方法是通过引力透镜现象进行调查。引力很大的物体具有使靠近的光线发生扭曲的性质。例如从星系发射出来的光在到达地球的过程中间如果经过暗物质旁边，光路会稍微有一点伸长，这使得星系的形状看上去就有点扭曲。对这样的星系扭曲进行分析的话，就可以弄清楚暗物质的分布。

研究这个的是哈勃望远镜的COSMOS（Cosmic Evolution Survey：宇宙演化调查）项目。该项目使用哈勃望远镜认真研究了大约50万个星系的形状，成功推算出观测区域内的暗物质的量。

之后，以爱媛大学研究生院教授谷口义明为首的研究小组,通过昴星团望远镜,使用可见光、X射线、紫外线、红外线、电波等几种不同波长的电磁波对宇宙演化调查项目中的观测区域进行了观测。结果成功测量出宇宙演化调查项目所观测的大约50万个星系的距离。

通过宇宙演化调查项目的结果所得知的暗物质的量,不管怎么说都是平面的东西,在与昴星望远镜的测量结果相结合后,在世界上首次以三维方式推算出了暗物质分布,从而绘制了暗物质的空间分布图。根据此暗物质空间分布图,可知暗物质也同星系一样具有大规模构造。

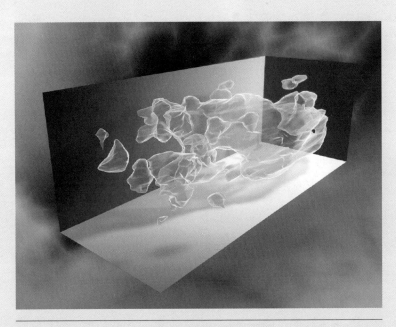

暗物质的三维分布图。左前方靠近地球、右后方远离地球。最右后方的部分距离地球约80亿光年   (出自NASA/ESA)

021 所谓暗能量到底是什么？

回答：暗能量的真面目现在仍不清楚。

　　一般认为现在暗能量占了宇宙的73%。所谓暗能量，用一句话说就是不明真身的能量，同样不明真身的还有暗物质。这两者同样都是不明真身的存在，但是普遍认为暗物质是带有质量的，而暗能量是没有质量的。现在如果问关于暗能量我们了解了什么的话，就是暗能量没有质量，仅此而已。

　　暗能量占据宇宙总能量73%，其真面目竟无从得知，人们总感觉不放心，但是暗能量从某种意义上对我们来说其实就在我们身边。73%意味着宇宙能量的四分之三都是暗能量，即暗能量是宇宙中存在的最多的物质。人们普遍认为暗能量不是仅存在于宇宙中的某一部分而是遍布整个宇宙，只是我们没办法识别而已，也许暗能量就在我们周围大量存在着。

　　现在，最有可能成为暗能量的候选的是真空能量。所谓真空能量就是充满于刚刚诞生的宇宙中的能量。在真空能量充斥宇宙时，宇宙发生了大爆炸，在爆炸作用下，真空能量转化成了物质，于是早期宇宙渐渐成长为现在的宇宙。

　　如果暗能量就是真空能量的话，那就意味着这个占据宇宙73%的能量，从宇宙诞生时开始一直到现在都没有发生变化并一直存在着。对根据宇宙论推导出的结果进行研究发现，暗能量随着时间而变化的可能性很低。也就是说，如果我们能够捕捉到暗能量并弄清其真正面目，宇宙的历史就可能比现在更加清晰明了。

X射线观测卫星钱德拉观测到的3个星系团（从左上角开始分别是阿贝尔2029星系团、MS 2137.3–2353星系团、MS 1137.5+6624星系团）。根据包括这三个星系团在内的26个星系团的观测结果，得出假说认为由于大约60亿年前的暗能量，宇宙的膨胀正在加速

（出自NASA）

022　据说爱因斯坦预言了暗能量，是真的吗？

回答：爱因斯坦并没有预言暗能量本身，而是考虑了与暗能量
　　　相关的宇宙常数。

准确地说，爱因斯坦并未预言存在暗能量。但是他最先想
到了相当于暗物质的东西。

说到爱因斯坦，人们首先会想到相对论。爱因斯坦使用广
义相对论推导出了描述宇宙的宇宙方程式。当时爱因斯坦认为
宇宙是始终保持不变的，而根据该宇宙方程式得出的结论是宇
宙是变化的（运动的）。这同他自己所认为的宇宙不变是矛盾
的。于是，爱因斯坦在宇宙方程式中加入了宇宙常数。那时是
1920年左右。

在宇宙方程式中，得出宇宙是变化的这一结论的主要原因
是重力（引力）项的存在。在该宇宙方程式的基础上，若要得出
宇宙是静止且没有变化的结论，只要加上同重力反向的排斥力
（反向力）即可。带着这一想法的爱因斯坦，在宇宙方程式中引
入了表示排斥力的宇宙常数。但是该宇宙常数的引入并没有科
学依据。1929年，哈勃发现宇宙在膨胀。以宇宙静止不动为前
提导入宇宙常数的爱因斯坦承认了自己的错误并放弃了宇宙常
数的观点。

人们本以为宇宙常数就这样从宇宙论中消失了。然而到
了1990年代，情况发生了变化。对宇宙进行精密观测后，人们
发现比起没有加入宇宙常数的模型，加入宇宙常数的模型能够

更好地再现观测结果。

现在人们普遍认为该宇宙常数表现出来的正是暗能量。如果宇宙常数等于暗能量的话，暗能量就是影响到斥力的能量。现在暗能量的最有力的候选能量——真空能量被认为是宇宙膨胀的源动力，所以如果暗能量是斥力的话也比较合乎逻辑。爱因斯坦的设想，曾一度被认为是错误的宇宙常数，或许预言了宇宙的真正样子。

以日本理化学研究所为中心的团队观测到的受到引力透镜效应影响的类星体。大约23 000个类星体中，发现有11个受到了引力透镜效应影响。由这个概率可得知将暗能量考虑为爱因斯坦的宇宙常数并不存在矛盾

（照片提供者：日本理化学研究所/NASA）

023　据说宇宙运行的基本力只有四种，是真的吗？

回答：是真的。"万有引力"、"电磁相互作用力"、"强相互作用力"、"弱相互作用力"四种力。

我们身边存在着很多形式的力，如离心力、摩擦力、弹力、库仑力、抵抗力等。然而将这些力整理下就可以将力分为"万有引力"、"电磁相互作用力"、"强相互作用力"、"弱相互作用力"四种。我们的宇宙就是在这四种力的支配下运行的。

万有引力，是有质量的物体之间存在的相互吸引力。地球围绕着太阳旋转，人类在地球上得以生活，都是在引力的作用下实现的。

第二个力是电磁相互作用力，如字面所示就是电和磁的相互作用力。电分正负极，磁铁有N极和S极。电和磁都具有两个相反性质的力。同种电荷或者同性磁极相互排斥，异种电荷或者异性磁极相互吸引。在这个过程中起作用的力就是电磁相互作用力。

引力和电磁相互作用力都是我们日常生活中可以感受到的力，所以比较容易理解。而强相互作用力、弱相互作用力是我们日常生活中无法体验到的力，因此我们难以理解。这两种力是在比原子核还要小的物质范围内发生作用的力。

首先，强相互作用力在原子核内的质子和中子相结合时，或者是质子或中子中的夸克相互结合的时候发生作用。通过原子能发电或者原子弹中所使用的核裂变、或者太阳产生能量的核聚变进行释放。

　　另外，弱相互作用力在基本粒子的性质发生变化时，就像中子分裂变成质子时发生作用。如同这个名字一样，弱相互作用力非常弱，作用范围不到100万亿分之一毫米。

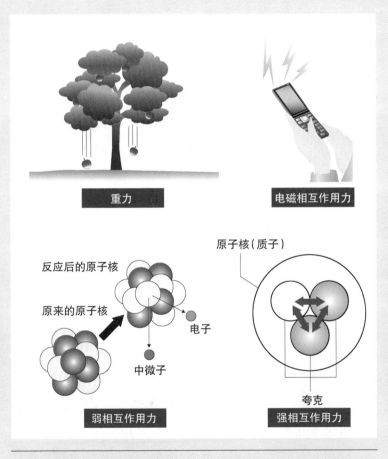

重力

电磁相互作用力

反应后的原子核

原来的原子核

电子

中微子

弱相互作用力

原子核（质子）

夸克

强相互作用力

宇宙中产生作用的四种力。其中重力和电磁相互作用力是我们日常生活看得见的物体之间的相互作用。而强相互作用力和弱相互作用力是在比原子核更小的范围内产生作用的，一般人并不熟悉。弱相互作用力引发 β 衰变使中子变为质子，强相互作用力则使夸克形成质子和中子等粒子

024　这个宇宙中一开始就存在四种基本力吗？

回答：不对，四种力最初是统一的。

刚刚诞生的宇宙，被认为是真空能量的集结。没有任何物质，也没有像现在这样分成四种力。可以认为最初相互作用力和物质都起源于同一个能量场，伴随着宇宙的进化，物质与能量才被分化出来。宇宙急速膨胀，在经历宇宙大爆炸、基本粒子诞生的同时宇宙不断地成长，在此过程中分离出万有引力、电磁相互作用力、强相互作用力、弱相互作用力。

这表明人们或许可以用大统一理论对宇宙进行解释，然而实际上有不少科学家将发展大统一理论作为目标。回顾人类的历程，就如同牛顿根据万有引力定律，将地上的力以及天体之间起作用的力进行统一，詹姆斯·克拉克·麦克斯韦统一了电、磁、电流的定律，创造出电磁相互作用定律般，物理学的历史也是一个相互作用力统一的历史。

被称为20世纪物理学巨人的爱因斯坦也是一名力的大一统的追求者，晚年致力于万有引力和电磁力统一的研究。但是爱因斯坦的尝试以失败而告终，人们对力的统一论表示悲观。此情况直到1960年代后期才发生了变化。人们开始考虑能否对1918年提出的规范理论进行再次评价，用于统一引力之外的力。1967年，人们运用规范理论，发表了将电磁力和弱力统一的"温伯格·萨拉姆理论"。温伯格·萨拉姆理论刚被发表时，几乎无人相信，然而1973年这个理论预言的中性流相互作用现象在试验中被证实后,该理论才被给予了较高的评价。

现在,加上温伯格·萨拉姆理论统一的弱电相互作用(电磁力和弱力),科学家正在积极尝试着构筑统一包含强相互作用的大统一理论,并且科学家们构想在未来构筑一个将引力也包含进去的超大统一理论。

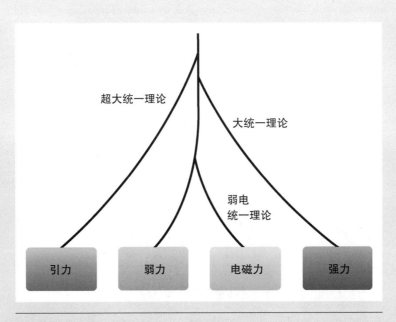

刚诞生后的宇宙,力和物质都是一个能量体的,随着时间的推移,被分成重力、强力、弱力以及电磁力

025　力的统一论发展到了什么程度呢？

回答：虽然人们正在考虑三力统一理论以及四力统一的超弦理
　　　论，然而都还未完成。

　　使用将4个力统一起来的理论来研究物理可以说是物理学的夙愿。现在，电磁力和弱相互作用力作为弱电相互作用已经被统一了起来。下一步应该考虑的是，在弱电相互作用中加入强相互作用力的理论，这是大统一理论所研究的。

　　为了统一弱电相互作用和强相互作用，需要统一夸克和轻子并将其看作同一种粒子的不同状态。如果按照这个方法进行思考，作为传播子就需要名为X玻色子和Y玻色子的新粒子，由于这个传播子还没被发现，因此大统一理论目前仍未完成。

　　X玻色子和Y玻色子在夸克和轻粒子之间进行交换，所以如果能够观测到夸克变成轻子的现象，也就找到了这些传播子存在的间接证据。产生这种现象的例子就是质子的裂变。通过观测到中微子而获得诺贝尔物理学奖的小柴昌俊制作的神冈探测器一开始就是用于观测质子裂变的。然而神冈探测器和升级版的超级神冈探测器虽然都进行了观测，却均未捕捉到质子的裂变现象。

　　大统一理论中，预测质子的寿命是10^{30}年（1 000万亿年的1 000万亿倍）。如果以神冈探测器或者超级神冈探测器没有观测到质子裂变的事实为基础的话，质子的寿命会更长。从这一点来看，大统一理论的观点迫切需要修正。

　　如果三力统一理论无法完成,四力统一理论则更加无法实现,成为四统一理论的候选理论也正在研究中。其中一个就是超弦理论:四力统一的时候产生出一个问题,即基本粒子的密度和黑洞一样为无穷大。因为基本粒子理论中基本粒子是没有体积的点状粒子。根据超弦理论,我们认为物质并不是由粒子,而是由一维的弦构成的,如此认为是为了回避粒子密度成为无限大的问题。现在,促使超弦理论进一步发展的新理论也正在被提出,或许可以期待看到四力统一理论的飞跃发展。

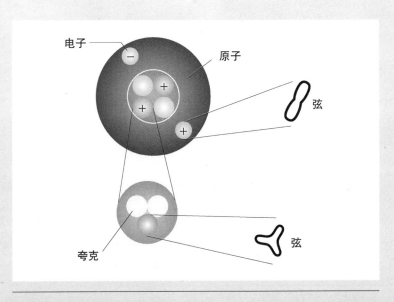

超弦理论认为物质是由小的弦构成的,仔细观察可以看到,夸克和电子这样的基本粒子都是由弦形成的

026　超弦理论是什么样的理论呢?

回答:该理论被认为是最为接近超大统一理论的,其认为构成
　　　物质的不是"粒子",而是"弦"。

超弦理论和统一宇宙中四种基本相互作用的大统一理论
是比较接近的。在超弦理论中构成物质的基本要素不是没有体
积的点状粒子,而是非常短的一维的弦。也许人们会觉得这个
想法很奇妙,因为之前很多科学家通过实验所捕捉到的物质的
基本要素不是"弦",而是"粒子"。如果将物质进一步细分就
是很小的弦,这一说法给人一种与事实不符的印象。

然而我们人类现有的观测方法还不成熟,万一是把小的弦
错观察为点状的粒子呢? 超弦理论认为现在所知道的基本粒子
是在弦振动的时候出现的。

同一把吉他的弦,改变弦的松弛度就会出现不同的声音。
同样道理,同一个弦的振动方法不同,就会出现不同的粒子。如
果超弦理论是真的,那么我们在科学框架下观测到的基本粒
子,可以认为是弦振动的产物。

根据之前的基本粒子理论,如果探求基本粒子的密度或者
基本粒子相互之间的瞬间引力,结论是引力就会同黑洞一样无
限大,非常奇怪。同样的事情用超弦理论来看就不会出现这种
无限大的情况,会得出有限的值,所以不会出现宇宙中处处都是
黑洞这一奇怪的现象。

根据前面所说的,听起来好像超弦理论并没有什么问题。

然而实际上，超弦理论还是存在一些问题的。其一就是空间维数的问题，该理论表示使用一根弦可产生多个粒子，而要出现现在所知的数十种基本粒子就需要十维空间，也就是说我们所生存的宇宙必须是十维的。即使是存在十维空间，我们实际上只能够认识的是由一维时间及三维空间所构成的四维时空。剩下的六维到哪里去了呢？现在只能认为剩下的六维被揉进了一个很小的空间，我们还没办法理解。然而为什么我们只能认识四维呢？为什么六维被压缩了呢？对于这个问题，目前还没有明确的答案。

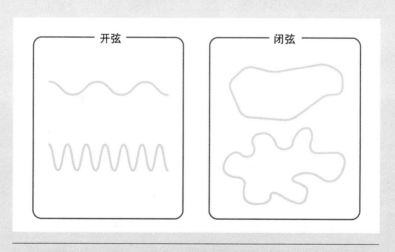

作为物质基本单位的弦，分为打开的弦和关闭的弦两大类。弦根据伸缩或者振动的状态，会演变成几种状态。不同的状态，会出现几种粒子。这个世界上，弦是打开的还是关闭的，还是两个都可以，不得而知。所以超弦理论存在5种类型

027 这个宇宙真的是十维的吗？

回答：宇宙究竟是几维目前还没有明确的答案。

如果这个宇宙不是十维的话，超弦理论就不能成立。这与我们日常的概念相去甚远。为什么这么说呢？这是因为我们只能认识由一维的时间和三维的空间所构成的四维时空。如果存在四维以上的维度，那是什么样的呢，还没有人能够知晓。也许人类永远都无法理解。

然而不妨回顾一下我们的历史。地球是圆形的并且围绕太阳旋转；时间和空间不是独立的而是冻结其他维数后的四维时空；不存在比光更快的物质，越是接近光速，该物质的时间流逝就越比周围的事物慢。这些事实逐渐变得明朗。宇宙的样子，也是颠覆了人们刚发现它时的印象。但是人类每次都最终接受了新的观点。

最近的一些研究都在关注将超弦理论发展起来的"膜宇宙"是不是宇宙的新姿态。所谓膜就是类似于薄膜的东西，我们能够认识的四维时空存在于一张膜上，在这张膜的外面是第五维以上的维度。

此外，1999年美国的物理学家丽莎·蓝道尔和拉曼·桑卓姆提出了将膜宇宙假说发展了的"弯曲的额外维度模型"。这个模型在以前的"四维时空的膜周围分布着第五维"膜世界假说的基础上，进一步设想了第五维的另一侧还存在着另一个四维时空。这意味着我们的宇宙同其他的宇宙（平行世界）同时存在。并且还有另外一个重要点是存在于膜的外面的第五维是弯曲（瞬移）的。

在这个宇宙中存在的四种力中，只有引力是不同于其他三种力的特殊存在。如果假定膜宇宙和弯曲的第五维成立的话，便能够很好地说明为什么引力是特殊的。而且据说这个模型经过验证是可能的。现在欧洲核子研究组织（CERN）准备使用大型强子冲突对撞机（LHC），进行非常接近光速的质子对撞试验。很多科学家认为，如果针对对撞之后形成的粒子进行研究的话，能够得到第五维存在的证据。在数十年之后，这个宇宙存在五维甚至是更高维可能会成为人类世界的常识。

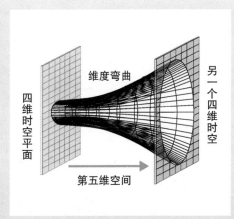

维度弯曲

四维时空平面

另一个四维时空

第五维空间

瞬移的额外维度模型的概念图。我们所在的四维时空在一张膜上面，外面是第五维或者更高的维。这个模型中，认为第五维是弯曲的。这一观点可以说明为何相对于其他三种力，只有引力特别地微弱。我们的四维时空的膜感到很轻微的引力，对于其他膜来说可能会变得很大。在我们的膜上感觉到的引力，可能只是其本来面目的一部分

第三章
基本粒子和宇宙

　　想要了解宇宙，那必须要知道基本粒子。这是为什么呢？这里将介绍这个原因，以及谈到基本粒子时非常重要的诺贝尔物理学奖获得者小柴昌俊的成就。

028 基本粒子有哪些种类呢？

回答：现在已发现24种基本粒子。此外至少还存在两种基本
　　　粒子。

虽然统称为基本粒子，但人们已发现很多种类的基本粒子。如果将现在所知的基本粒子进行分组的话，可以分为三大类。

第一类是构成物质的基本粒子（费米子）。该类型分为两种，分别是质子和中子的构成要素夸克，以及包含电子、中微子在内的轻子。夸克分为上夸克、下夸克、粲夸克、奇异夸克、顶夸克和底夸克六种。轻子分为电子、μ子和τ子以及对立的三种中微子，也是六种。夸克和轻子的六种粒子分别可以分为三代，如图所示。

第二类是传递力的粒子（玻色子）。若将宇宙中起作用的力归纳整理就是万有引力、电磁力、强相互作用、弱相互作用四种，所以一般认为存在着与这四种力分别对应的玻色子。现在已经发现了传递电磁力的光子、传递强相互作用的八种胶子、传递弱相互作用的三种弱相互作用玻色子。目前假设是存在传递引力的引力子，不过现在引力子还没有被发现。

第三类是赋予所有基本粒子质量的希格斯粒子。只有基本粒子的质量为0时，现在的基本粒子理论才能够成立。不过实际上夸克或者电子等基本粒子是带有质量的。这样基本粒子理论就出现了破绽，为了解决这个矛盾，我们所能想到的就是

希格斯粒子。基本粒子要获得质量，宇宙中必须充满希格斯粒子。如果现在的基本粒子理论正确，希格斯粒子至少应该存在一种，不过至今一种也没有被发现。

现在所发现的基本粒子，总计24种，分别为12种费米子，12种玻色子。此外，我们期待至少存在一种引力子和一种希格斯粒子。

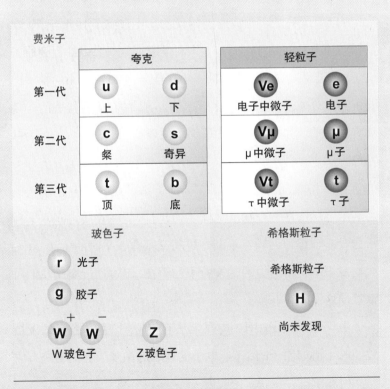

现在已发现的基本粒子：费米子12种、波色子12种，总计24种。此外一般认为至少存在一种引力子以及一种希格斯粒子

029 基本粒子的研究及宇宙的研究，存在什么样的关系呢？

回答：基本粒子关系到宇宙的起源。天体中观测到了基本粒子，同宇宙的起源有着密切的关系。

基本粒子就是在对物质进行细分的时候已不可再分的最基本的粒子。古希腊哲学家德谟克里特斯将这样的物质之源命名为原子，这也是现在的原子的语源。

在很长时间内德谟克里特斯所主张的原子都无法得到证实，所以原子只是哲学概念上的说法。不过到了19世纪，从实验得知原子是实际存在的。很多科学家反复研究以捕捉到原子的形态，结果发现原子是由质子、中子、电子以及更小的粒子组成的。此外质子和中子是由3个名为夸克的粒子所构成的。现在人们一般认为构成物质的最小单位夸克、电子、中微子等为基本粒子。

不仅如此，我们还得知基本粒子关系到宇宙中起作用的力。力之所以在两个物质之间传递，是因为在物质之间基本粒子像投接球练习一样在不断地进行交换。在平时的生活当中，我们意识不到传递力的基本粒子的存在，不过通过实验我们可以发现这样的基本粒子。

由于基本粒子很小，肉眼无法直接看到，基本粒子的发展曾经源于诸如原子的结构、电子的运动等微观层面的研究。它是如何和宇宙存在联系的呢？

实际上根据大爆炸等理论，宇宙诞生相关的研究在不断地发展,我们得知宇宙一开始是能量块,后来物质和力逐渐被分开,慢慢进化到现在的宇宙。也就是说如果真正追究这个宇宙的物质或者力的本源,其结果就是基本粒子。

此外,从研究基本粒子方面来看,提取基本粒子需要花费很大的能量、资金以及时间。而在宇宙中存在着很多在地球上所无法想到的超大能量。因此,出现了很多科学家,他们为了研究基本粒子的产生、运动,将目光投向了宇宙。这样对宇宙以及基本粒子的研究就重叠了。

宇宙和基本粒子在空间尺度上是两个极端。但是基本粒子的研究使得宇宙理论明朗化,宇宙的观测结果使得基本粒子的性质得到确认。基本粒子和宇宙在本质上密切相关

030 基本粒子研究关注宇宙的契机是什么呢？

回答：从宇宙射线中发现未知的粒子源于汤川秀树的介子理论。

在日常生活当中，我们无法用眼睛直接看到基本粒子。为了确认基本粒子的存在，需要花费大量的能量提取基本粒子。1910年代，英国的物理学家恩内斯特·卢瑟福将 α 射线打在原子上成功提取出质子。该事件表明迄今为止像谜一样的原子内部仍存在着我们尚未知道的微粒子。为了观测原子内部的粒子，人们设计出了加速器这一装置。

加速器是赋予原子等微粒子以能量使其加速的装置。加速的粒子如果撞到了其他的粒子上，粒子就会被损坏，我们就能够得知其内部的具体构成。到了20世纪30年代，慢慢出现了直线加速器、回旋加速器等多种加速器。

在加速器的帮助下，我们逐步了解了原子核内部的结构。不过同时也出现了一些加速器所无法解决的问题。日本物理学家汤川秀树，对带正电的质子同中性的中子吸附在一起这一现象持有疑问，他对该吸附力的来源进行了研究。经过几次失败的尝试之后，他于1934年发表了新的理论，认为存在一种尚未发现的新的粒子，该粒子产生了一种将质子和中子吸附在一起的力。汤川秀树所预言的粒子，大小处于质子、中子同电子之间，所以被称为介子，而汤川秀树的理论被称为介子论。

汤川秀树所预言的介子具有很高的能量，当时的加速器还无法将其提取出来。后来引起人们注意的是宇宙空间中的高能量的放射线（宇宙射线）。在介子论发表13年之后的1947年，从宇宙射线中发现了汤川秀树所预言的介子，在此期间发现了μ介子（缪子）。介子论是人们打开宇宙射线物理学以及基本粒子物理学大门的开端。汤川秀树这一功绩也得到世界的认可，于1949年荣获了日本人的第一个诺贝尔物理学奖。

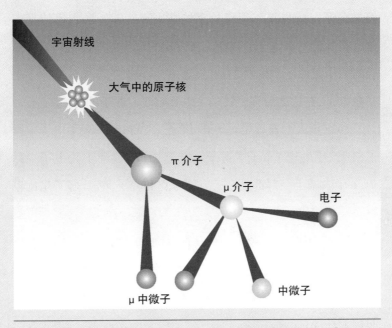

宇宙射线

大气中的原子核

π介子

μ介子

电子

μ中微子

中微子

宇宙射线撞击大气中的原子核，产生了汤川秀树所预言的π介子，不过π介子的寿命很短，马上就会放出中微子变为μ介子，上图为示意图

031 夸克和轻子都是创造物质的基本粒子，这两者之间到底
有什么区别呢？

回答：区别是强相互作用在夸克中起作用，在轻子中不起作用。

如果将我们周围存在的物质分解为基本粒子，可以分解为夸克和轻子。这两种粒子之间最大的区别表现在强相互作用的作用方式上。夸克受到强相互作用的影响，形成质子或者是中子等粒子，而轻子是不受强相互作用的影响的。

那么夸克和轻子哪一个更容易被发现呢？我们来看下费米子的发现史。费米子是在研究原子的时候发现的，最初发现的是电子。1897年英国科学家约瑟夫·约翰·汤姆逊的真空放电实验证明了电子的存在。所发现的电子的质量大约只有最轻的原子氢原子质量的2 000分之一，所以人们开始认为原子中存在电子，在这之后许多科学家也开始研究原子的构造。

1937年人们发现了μ介子（缪子），1956年发现了电子中微子，1962年发现了μ子中微子。电子、μ介子（缪子）、电子中微子、μ子中微子全部都是轻子。就夸克和轻子而言，轻子是比较容易发现的。

1960年代之后，夸克的存在得以确认。自1934年汤川秀树发表了介子论以来，发现了几个新的粒子，但直到1963年美国物理学家莫瑞盖曼等提出了夸克模型以后，人们才认为新发现的粒子是夸克的结合体。

夸克之所以能够结合，是因为强相互作用在起作用。强相

互作用起作用的方法非常特殊,强相互作用在小于10^{-15}厘米的距离内基本上是不起作用的,不过只要超过这个距离,就会产生很大的相互作用。比如两个夸克相距大约一个质子半径的距离时,夸克之间就会产生让人难以置信的30吨重力的巨大吸引力。所以想将夸克从质子、中子等粒子中分离出来是非常困难的。能实现对夸克的实际意义上的研究,都多亏了能够提取出高能量粒子的加速器的登场。

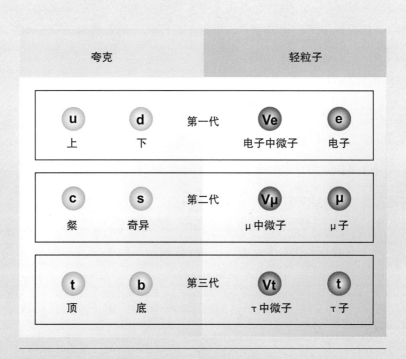

现在已经发现6种夸克和轻子,两者都可以分为3代

032 所谓中微子是什么呢?

回答:中微子是属于轻子的一种基本粒子。有电子中微子、μ
　　　　中微子、τ中微子3种。

中微子是属于轻子的一种基本粒子。现已知道的有电子中微子、μ中微子、τ中微子3种。同样属于轻子的电子、μ子带负电,所以会产生电磁相互作用。中微子为中性,只有弱相互作用。为此我们无法看到也无法触摸到中微子。

不过宇宙中充满了中微子,1立方厘米空间的中微子数量竟然有300个。单从数量上来看,中微子的量大约相当于宇宙中最多的元素氢的十亿倍。据说,每秒钟大约有数百万亿个中微子从我们的身体穿过。

中微子是美籍奥地利物理学家沃尔夫冈·恩斯特·泡利为了解释β衰变而预言的粒子。所谓β衰变是原子核释放出β射线(电子),从而变成其他种类的原子核的现象。研究发现,β衰变是原子核中的中子释放电子而变成了质子。

不过,这里存在一个很大的问题:将β衰变前的中子同衰变后的电子和质子的能量总量相比,衰变前比衰变后的能量更大。也就是说发生β衰变后,一部分能量不知去向。不管是什么样的物理现象,变化前后的能量总量是不变的。泡利认为在发生β衰变的时候,不带电的粒子即中微子同电子一起被释放了出来,中微子带走了一部分能量。

中微子只通过弱相互作用发生作用,所以即使遇到其他粒子或者物质，也会在不发生作用的情况下通过。因此一般认为中微子很难观测，是不可能被发现的。不过在1956年，美国的研究小组成功确认了产生于原子核反应堆的中微子的存在。

沃尔夫冈·泡利预言了中微子的存在

033 听说了解中微子同了解宇宙是密切联系的，是怎么一回事呢？

回答：一般认为，通过对中微子的仔细研究，可以得知宇宙大爆炸发生时的样子。

中微子和物质的碰撞反应、衰变紧密联系，在各种情况下都会产生。拿我们身边的例子来说，中微子在大气中或者地球内部都会产生。产生于大气中的中微子，是在宇宙射线撞击到地球的大气时产生的。而产生于地球内部的中微子，则是在铀或者钍衰变的时候产生的。除此以外，太阳内部的核聚变、超新星爆发、大爆炸等都会产生中微子。

中微子只同弱相互作用力发生作用，基本上能够穿过其他的任何物质。所以，对中微子的捕捉是非常困难的。甚至预言了中微子存在的科学家泡利也说过确认中微子的存在是几乎不可能的。单从捕捉这点来看的话，会感觉其性质不是很好，不过换个角度看，可以将其作为优点进行使用。

不会同其他物质发生相互作用，因此中微子可以始终保持原始的状态。也就是说，如果可以捕捉到中微子的话，就可以知道中微子产生时的原始状态。

比如，如果能够观测到太阳核聚变产生的中微子的话，就能够知道太阳内部的核聚变是如何产生的。此外关于超新星爆炸，理论上我们知道是会产生中微子的。不过如果我们真的确认了产生的中微子，我们就会知道超新星爆炸的具体情况。即使我们无法直接看到诸如此类的内部情况或者是发生现场,也可以通过中微子得知具体情况。

现在一般认为,宇宙中到处都是大爆炸时产生的中微子。如果能够捕捉到这个中微子的话,我们就会获得比现在更多的关于宇宙是如何产生的信息,这一点非常值得期待。

不仅如此,详细了解中微子,对于基本粒子的理论也会产生很大的影响。现在基本粒子的标准理论,是以中微子没有质量为前提的。最近的观测结果,已经证明了中微子是有质量的。如果能够对其质量进行详细研究的话,就能够创造出超越标准理论的新理论。

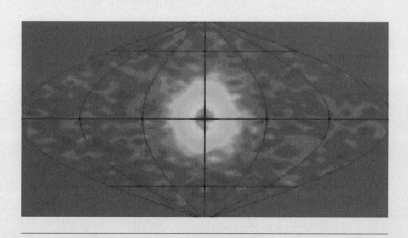

通过中微子观测到的太阳形状。通过中微子可以从另一侧面看到有别于可见光的太阳的样子

（东京大学宇宙射线研究所,神冈宇宙基本粒子研究设备提供）

034　听说小柴昌俊获得诺贝尔奖同中微子有关系……

回答: 小柴昌俊成功观测到了超新星爆炸时产生的中微子,获
　　得了诺贝尔物理学奖。

　　物理学家小柴昌俊于2002年获得了诺贝尔物理学奖。获奖原因是"对天体物理学的贡献,特别是对宇宙中微子的发现作出了前所未有的贡献"。1987年小柴昌俊成为世界上首次观测到产生于超新星爆炸中的中微子的科学家。

　　小柴氏使用由岐阜县神冈矿山制造的神冈探测器观测中微子。神冈探测器是在矿山地下1 000米深的地方建造的直径为15.6米、高为16米的巨大水槽,中间注入了3 000吨水。水槽墙壁的一面上,安装了名为光电倍增管的特殊光感应器。

　　中微子只对弱相互作用力产生作用,对于其他的物质基本上没有碰撞反应而直接穿过。不过也不能说是完全没有任何反应,中微子通过很多物质时偶尔也会发生反应。在地球上说到便宜、简单又可以大量使用的就是水了。在巨大的水槽中装满水,中微子从这些水中通过的时候,偶尔会同水发生反应产生光子。神冈探测器就是捕捉这个光的装置。装置无法捕捉到中微子本身,就只能通过捕捉中微子同水反应产生的光,从而证明中微子的存在。

　　该神冈探测器从1983年开始投入使用。一开始的目的并不是捕捉来自宇宙的中微子,而是为了观测大统一理论所预言的质子衰变现象。不过即使观测了,也无法得到证明质子衰变

的结果。为了建设神冈探测器，大约花费了4亿日元，这在当时是一笔很大的投入，小柴氏觉得不能就这样没有任何结果就结束了。于是他开始改变方针，从观测质子衰变转变到观测中微子。1984年开始着手改良装置。

改良后的神冈探测器于1987年1月1日起开始观测太阳产生的中微子。紧跟着在2月23日，大麦哲伦星云发生了超新星爆炸。小柴氏的小组马上研究了超新星爆炸时的数据，成功地观测到了此超新星爆炸时产生的11个中微子。

1987年2月23日大麦哲伦星云中诞生了超新星SN1987A。小柴昌俊捕捉到了这个时候产生的中微子而获得了诺贝尔奖

035　神冈探测器和超级神冈探测器有什么区别呢？还有什么
　　　样的发现呢？

回答：超级神冈探测器是神冈探测器的升级版，表明中微子是
　　　存在质量的。

　　　随着对中微子观测的进展，神冈探测器的能力慢慢达到
了极限。因此建造了比神冈探测器规模更大、性能更高的观测
设备，也就是超级神冈探测器。超级神冈探测器从1991年起
历时5年建成，于1996年开始投入观测。直径40米、高42米的
水槽中，注入了5万吨水。墙面的光电倍增管也一下子增加到
11 146根，其规模是神冈探测器的20倍以上。

　　　超级神冈探测器的观测开始2年后，即1998年，就有了震
惊世界的大发现。通过观测空气中产生的中微子，得知中微子
是有质量的。

　　　宇宙射线进入地球撞击到空气，电子中微子同μ中微子会
以1∶2的比例出现。对中微子仔细研究就会发现，来自地球内
部的μ中微子的量比来自超级神冈探测器上空的要少一些。

　　　不管在地球什么地方，宇宙射线产生的中微子的量是不变
的。为什么根据超级神冈探测器的观测结果，来自地球内部的
μ中微子的量要少呢？根据数据分析结果得知，来自地球内部
的μ中微子在到达超级神冈探测器之前变成了τ中微子。

　　　μ中微子变化为τ中微子的现象被称为中微子振荡。中微
子振荡是一种只有中微子存在质量时才会发生的现象。根据超

级神冈探测器观测到的中微子振荡的现象，世界上首次查明中微子是存在质量的。

超级神冈探测器的内部，探测器内部墙面排列着光电倍增管
（日本东京大学宇宙射线研究所，神冈宇宙基本粒子研究设备提供）

036　中微子有质量这件事，为什么会成为这样大的话题呢？

回答：中微子存在质量改写了基本粒子的标准理论，关系到大
　　　统一理论的完成。

　　中微子有质量。1998年发表的这则新闻震惊了全世界的科学家。为什么呢？这是因为到目前为止的基本粒子的标准理论，都是以中微子没有质量为前提的。也就是说，中微子有质量这个事实的重要性足以改写作为基本粒子物理学基础的标准理论。

　　基本粒子的标准理论记述了关于电磁相互作用、弱相互作用、强相互作用三种相互作用。物理学的终极目标之一是使用一个理论描述四种力，而基本粒子标准理论的目标可以说是完成终极目标之前的一个目标，即完成统一三种力的大统一理论。神冈探测器的最初目的是观测质子衰变，也是为了证明大统一理论。

　　现在基本粒子的标准理论，电磁相互作用及弱相互作用作为弱电相互作用已经实现统一，不过还没有实现同强相互作用的统一。中微子存在质量，意味着需要对标准理论进行较大的修正。可以说这是朝统一理论的完成迈出了一大步。

　　在收到超级神冈探测器的报告之后，全世界都计划进行试验以确认其是否正确。其中最早付诸实践的是日本的小组。该实验被称为"从日本高能物理研究所到神冈的长基线中微子振荡实验（K2K实验）"，是将日本高能物理研究所高能量加速器

研究机构的加速器产生的中微子束线发射到250千米以外的超级神冈探测器，以研究中微子是否振荡的大规模试验。K2K实验在1999年6月到2004年10月之间进行，证实了人工创造的中微子也有中微子振荡。据此已经99.99%确认中微子是有质量的。

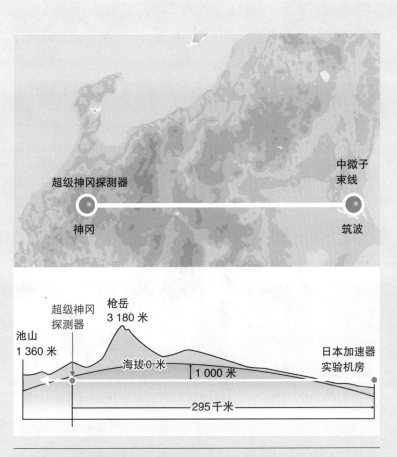

从神冈向筑波的超级神冈探测器发射人造中微子的K2K实验。这个实验进一步证实了中微子存在质量

037 中微子是暗物质的候补吗？

回答：一般认为中微子的质量小，不是暗物质的主要成分。

在基本粒子的标准理论中，是将中微子作为质量为0的粒子进行处理的。从20世纪80年代开始，人们开始认为中微子可能真的有质量。而且如果中微子有质量的话，暗物质的真面目是不是中微子呢？这一期待在物理学家之间逐步地流传开来。

现在的宇宙论得以成立，暗物质必须满足3个条件：① 眼睛看不到；② 存在很多的量；③ 寿命很长。而且令人吃惊的是中微子符合了所有这三个条件。在我们所知道的物质中，最接近暗物质的就是中微子。

而且在1998年，已经证实中微子具有质量。那么中微子是不是暗物质的真面目呢？这并不是那么简单的事情。一般认为暗物质具有宇宙整体的23%的质量，而从观测或者试验中得到的中微子质量比预期的小得多。根据理论计算，中微子的质量最多只有宇宙整体的1.6%。中微子有可能是暗物质的一部分，但不是主要的成分。

那么除此以外，暗物质没有什么候补了吗？实际上现在暗物质的最有力候补就是WIMP。WIMP是Weakly Interacting Massive Particle的缩写，即大质量弱相互作用粒子。中微子也是WIMP的同类。中微子速度很快，被分到hot WIMP一类。

现在引起人们注意的是速度不怎么快的被称为cold WIMP

的一类。在这一类中,轴子、中轻微子等粒子被看作是暗物质的本来面目。这些粒子实际上还不能被捕捉到。不过现在正在策划各种实验,以捕捉这些粒子。

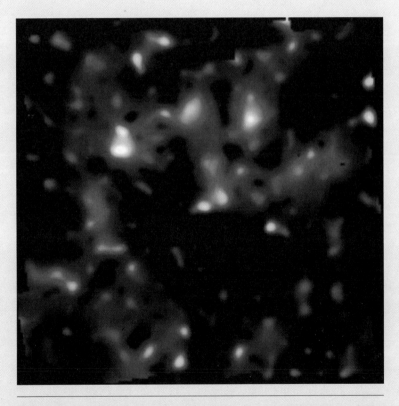

暗物质的分布图。暗物质并不是全部都均匀扩散的。有很多聚集在一起的部分,也有稀疏的部分。现在可以间接地测量暗物质的分布以及数量,不过还没办法知道其真正的内容是什么 (出处:NASA)

038　反粒子是什么呢？

回答：大小和重量同普通的基本粒子是一样的，不过带电性是
　　　相反的。

　　宇宙中存在很多的基本粒子。而且，各种各样的基本粒子都存在着一一对应的反粒子。反粒子的大小、质量同普通粒子一样，不过带电性是相反的。

　　说到反粒子，可能有很多人脑海里会浮现出电影或者小说中出现的奇怪物质。不过宇宙论或者基本粒子物理学中已经对其认真地讨论过，而且确认反物质是实际存在的。对我们来说最熟悉的反粒子就是正电子（反电子）吧。正电子是在1932年被发现的，现在被用于正电子放射断层摄影装置（PET）中以检查、诊断、治疗癌症，一般人也得以使用。

　　最初指出反粒子存在的是英国的物理学家保罗·狄拉克。1928年他提出了狄拉克方程式，融合了量子力学和相对性理论。

　　电子是当时最为人们所熟知的基本粒子，为了记述像电子这样的微观物质是如何运动的，量子力学获得了发展。不过由于电子的运动速度很快，仅仅是量子力学还不足以记述电子的运动。因此狄拉克提出了狄拉克方程式。试着求解狄拉克方程式，人们发现宇宙中除了基本粒子之外还存在反粒子。正电子的发现证实了反粒子的存在。

　　那么反粒子是如何形成的呢？其谜底隐藏在有名的爱因

斯坦方程式 $E=mc^2$ 中。该方程式意味着能量(E)可以同质量（物质）m 进行置换，也就是说物质产生于能量之中。

从能量中产生基本粒子的时候，不仅仅产生了基本粒子，同时还产生了相对应的反粒子。而且基本粒子消失变成能量的时候，也一定有相对应的反粒子一起消失。比如，从能量中产生电子的时候，一定也会出现正电子。电子消失的时候，正电子也一起消失。这个现象被称为同时产生同时湮灭。一般认为在宇宙诞生、大爆炸之后，从真空的能量中同时生成了很多的粒子和反粒子。

使用热气球探测来自宇宙的反粒子　　　　　　　　　　　　（提供：JAXA）

039　粒子和反粒子是同时形成同时消失的，为什么身边没有
　　　反粒子呢？

回答：粒子和反粒子所遵守的物理法则稍微有些不同，所以人
　　　们认为反粒子消失了。

　　从能量中产生基本粒子的时候，一定会有同基本粒子成对的反粒子出现。而且在基本粒子消失的时候，同基本粒子成对的反粒子就会相互湮灭变成能量。基本粒子不管是在出现的时候还是在消失的时候都不会单独出现或者消失。但是环视一下我们四周，我们仅仅看到了构成物质的粒子，基本上看不到反粒子。即使是我们看到的宇宙中的数十亿恒星，几乎也都是由粒子构成的。

　　基本粒子同反粒子同时产生同时消失，这样，宇宙中的一半都是由反粒子构成的。这不是很奇怪吗？反粒子到底是怎样消失的呢？这个疑问困扰了物理学家很长时间。那么物理学家是如何思考反粒子消失的原因呢？

　　这是因为粒子所遵循的物理法则同反粒子所遵循的物理法则是稍微有一些区别的。因为两者所遵循的物理法则中存在着差异，所以现在的世界是由基本粒子构成的世界。其区别被称为"电荷-宇称（CP）对称性破缺"。电荷-宇称（CP）对称性破缺是美国的物理学家詹姆斯·沃森·克罗宁和瓦尔·菲奇一起发现的。

　　1973年小林诚同益川敏英二位日本物理学家在理论上对

其进行了解释。二人预言如果存在不低于6种夸克的话,电荷-宇称(CP)对称性破缺就能够成立。1973年夸克才只发现3个,所以这个预言是非常大胆的。不过就像二人的理论那样,到了1994年证实了6种夸克的存在。这个成绩获得认可,小林诚和益川敏英于2008年获得了诺贝尔物理学奖。

之后日本同美国小组分别验证了二人的理论。而且在2001年7月6日美国斯坦福大学小组以99.97%的可能性肯定了电荷-宇称(CP)对称性破缺的成立。同年7月23日以日本为中心的国际小组以99.999%的可能性肯定了电荷-宇称(CP)对称性破缺的成立。电荷-宇称(CP)对称性破缺同反粒子的消失存在着什么样的关系呢? 这是今后的研究课题。

探索电荷-宇称(CP)对称性破缺的证据的国际共同实验:贝尔实验

(高能加速器研究机构提供)

第四章
破解宇宙之谜的观测技术

　　利用最新的观测技术，我们可以观测宇宙多远的地方呢？有些怎样的观测技术呢？而且为什么有必要拿着望远镜观测宇宙呢？本章给读者呈现观测技术的现状。

040 对于宇宙我们能够看到多远?

回答: 至2011年5月, 人们已经可以捕捉到距离地球132亿光
年的星系。

历史上, 初次使用望远镜观测宇宙的是伽利略·伽利莱。
伽利略凭借望远镜发现了三颗围绕木星转动的卫星, 还查明了
金星存在盈亏(圆缺)的原因。之后人们使用望远镜继续努力
观测更深处的宇宙。现在远离地球的银河系成为人们对遥远宇
宙进行观测的新目标。为了捕捉到更加遥远的星系, 各研究小
组争先恐后, 竞争激烈。

现在能够观测到最远距离星系的望远镜是美国的哈勃太
空望远镜。2011年1月哈勃太空望远镜成功观测到距离132亿
光年的UDFj-39546284星系, 更新了世界纪录。一般认为宇宙
的年龄约为137亿岁, 所以这就是观测到了宇宙诞生约5亿年后
星系的样子。但是, 哈勃太空望远镜所拍摄到的图像有点暗, 要
确定正确的距离, 需要今后详细的观测。这次的发现, 可以说是
暂定第一名。

最近几年, 探测更远星系的竞争越来越激烈。2006年11
月, 位于夏威夷的日本昴星团望远镜观测到了距离地球约129
亿光年的IOK-1星系, 登上了世界第一的宝座。但是, 2010年
10月位于智利的欧洲南天天文台的大型反射望远镜VLT发现
了距离131亿光年的星系, 成为第一。然后, 仅仅过了数月, 哈
勃太空望远镜就夺取了第一的位置(即使是暂定第一)。

近几年关于探索最远星系的竞争愈发激烈。昴星团望远镜、凯克望远镜、智利的超大望远镜VLT等世界大型望远镜每天都在进行研究，欲观测到更远一些的星系。并且大型电波望远镜ALMA从2012年开始用来观测宇宙，作为哈勃望远镜后继机的詹姆斯·韦伯太空望远镜于2014年发射升空，数年之后还准备推出更高性能的新型望远镜。期待今后不断刷新最远距离的星系的观测纪录。

哈勃太空望远镜拍摄的UDFj-39546284。这个星系在宇宙诞生后只经过5亿年左右。聚集在一起的恒星也是诞生约1亿~2亿年的年轻恒星，科学家期待能揭示宇宙诞生后不久星系成长的样子

（出处：日本国家天文台）

041 我们探索远处的星系有什么意义呢？

回答：通过探索并观测位于遥远太空中的天体，可以直接获知
宇宙刚刚诞生时的样子。

根据爱因斯坦相对论，宇宙中任何物体的速度，都不可能超过光速。换言之，光是宇宙中最快的。不过即便光是宇宙中最快的，每秒大约30万千米的速度还是有限的。1秒前进30万千米的话不是可以在一瞬间到达任何地方吗？按照日常感觉，确实会这么认为。只要是在地球上不管光速是不是有限都是无所谓的。

但是如果上升到宇宙层面，光速是有限的，其意义就非同寻常。宇宙空间无限延伸没有边际。比如从地球到太阳的距离大约1亿5 000万千米，从太阳发射的光线到达地球大约需要8分20秒的时间。也就是说我们在地球上看到的太阳光是8分20秒前的光。

所谓天体观测，就是捕捉到天体所发射出来的光并进行解析。其结果就是我们得知该天体是由什么样的元素构成的，其进行着怎样的活动。严格来说，从地球观测太阳的时候，我们看到的并不是当时的太阳，而是8分20秒前的太阳的样子。

宇宙十分辽阔，在表达距离时使用千米的单位是远远不够的。于是人们发明了几个单位，其中就有光年。光一年所前进的距离（大约10万亿千米）即为1光年。很明显距离越是遥远，到达的光就越是过去所发射出来的光。也就是说从距离地球

20光年的天体到达地球的光是20年前的光。如果解析这个光的话，就可以明白20年前宇宙的样子。

　　天体越是遥远，其发射出来的光就越是过去的存在。哈勃太空望远镜所捕捉到的星系UDFj-39546284，距离地球大约132亿光年的距离。通过发现这个星系，我们可以得知132亿年之前宇宙刚刚诞生时的样子。如果能够观测到更远的天体的话，我们便能够得知现在尚无法知晓的宇宙初期的样子。

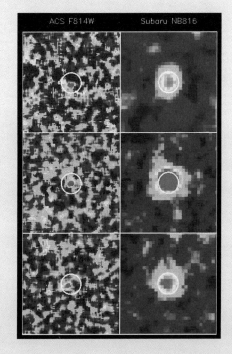

125亿光年远处发现的新诞生的星系。我们看见的是125亿年前发出的光　　（出自：NASA）

042　世界上最大的望远镜是哪一个？

回答：反射望远镜中，单一镜片世界最大的望远镜是位于夏威夷的昴星团望远镜。

作为观测宇宙的工具，人们首先想到的是望远镜。可以看到可见光的望远镜，其镜片或者透镜的直径越大的话越能够收集到更多的光，越能够更加细致地观测到处在遥远太空中的天体。为此世界上的科学家以及技术人员竞赛般地从5厘米、10厘米到1米、2米不断增大望远镜的口径。现已经制造出8~10米的大型望远镜。借此我们也得以更加详细地观测宇宙的姿态。

在为数不多的望远镜中，被称为世界最大望远镜的是日本的昴星团望远镜。昴星团望远镜位于夏威夷毛纳基山的山顶，而夏威夷毛纳基山一直以来是世界各国建设大型望远镜的场所。作为反射式望远镜，为收集光线需使用镜子，其主镜的口径达8.2米。单就口径来看，美国的凯克望远镜口径为10米，更大一些。不过凯克望远镜是由36枚镜子组合在一起而达到的10米口径，而昴星团望远镜使用的是一枚直径8.2米的镜子。作为单一镜片的望远镜，其被称为世界最大的望远镜。8.2米直径的镜片大小大约相当于20个成年人手牵手所构成的圆的大小。与直径相比其厚度只有大概20厘米，为了使其不在重力作用下倾斜，在镜子的反面安装了由电脑控制的261个往复运动气缸。

昴星团望远镜不仅仅是口径大，还具有同等级别的望远镜约20倍的视野，可以一次观测到大约相当于月亮直径的视角范围。通过大口径收集很多光线，而且视野又大，所以就连处在遥远太空中的比较暗的星系都可以观测到。借此昴星团望远镜观测到了很多遥远的星系。除此以外还取得了很多成果，比如发现了宇宙初期巨大的气体天体、土星的新卫星，还观测到了超新星爆发的形态。

直径达到8.2米的巨大的
昴星团望远镜主镜
（出处：日本国家天文台）

043 天体观测可以观测到可见光之外的波长吗？有什么区别吗？

**回答：可见光可以获得精密的图像，然而要观测遥远的星系或
者是星系中心时，紫外线更擅长。**

　　望远镜是捕捉来自远方的光进而成像的装置。由于眼睛
折射光线使我们能够看到事物，所以我们会认为光是很特别的
东西。不过若是从自然的角度来看，光只不过是电磁波波谱的
一部分罢了。如果人类的眼睛进化到可以捕捉到可见光波长之
外的电磁波，我们的眼睛所看到的风景就会与现在全然不同。

　　宇宙的恒星或者银河系等，不仅仅发出可见光，还发射诸
如 γ 射线或电波等各种波长的电磁波。同一个天体，可以发出
从可见光到红外线、紫外线等多种光，如果捕捉到的波长发生变
化，所观测到的样子也会发生变化。即便是通过可见光观测不
到的现象，通过 γ 射线或者 X 射线也是有可能观测到的。在天
文学领域正在试图通过观测可见光之外的各种波长的电磁波捕
捉到宇宙真正的样子。各种波长具有什么样的特征呢？首先让
我们对比一下可见光和红外线。

　　可见光的观测历史最长，同其他波长相比，可见光观测可
以获得精密的图像。可见波段的电磁波不容易被大气所吸收，
所以在地面上也可以进行高精度的观测。

　　处于可见光邻域的是红外线。比如太阳之类的恒星以及
恒星大量聚集成的星系会发出我们肉眼可以看到的可见光。不
论距离地球是近是远，发出可见光这一点是不变的。遥远的星

系所发出的可见光在到达地球的过程中,波长会变长,会偏向于红色的波长。而且越是遥远的星系,偏向红色波长的程度就越大,这被称为红移。最初注意到这一点的是爱德温·哈勃。哈勃仔细研究了星系的红移并发表了宇宙膨胀说。

如果红移的比例变大,原本的可见光就会变成比红色波长更长的红外线。所以,如果不观测红外线就无法观测到遥远太空中的星系所发射出来的光。此外红外线还可以观测到可见光所无法到达的暗黑星云之中或者是星系的中心,也适用于观测温度较低的原始星。

观测红外线波段的斯皮策空间望远镜。背景是用红外线观测到的银河系

（出自：NASA）

044 波长短于可见光的电磁波，适用于什么样的观测呢？

回答：紫外线、X射线、伽马射线等波长较短的电磁波，适用于活跃运动部分的天体观测。

现在让我们对比一下比可见光波长短的紫外线、X射线、伽马射线。这些射线的能量非常高。在宇宙中有很多天体释放紫外线、X射线、伽马射线。举个最靠近我们身边的例子——太阳。

太阳存在耀斑现象，即黑子周围突然变亮闪耀。用紫外线对太阳进行观测，可以很好地观测到耀斑剧烈爆发的样子。使用紫外线观测可以捕捉到星间物质以及星系尽头存在的气体云、星系云中的重氢等，还可以进一步得知恒星及宇宙的进化。

X射线的能量比紫外线更高，是由高温物体所释放出来的射线。太阳表面的光球部分并不释放X射线。光球的温度大约6 000摄氏度，达不到释放X射线的温度。那么X射线是从哪里释放出来的呢？是位于最外侧的日冕层。日冕的亮度大约只有光球的10万分之一，然而温度却是超过100万摄氏度的超高温状态，并释放强X射线。通过X射线观测太阳，随时都可以观测到日冕的状态。X射线是宇宙中高温剧烈活动的部分所释放出来的射线，因此在观测中子星、黑洞、超新星爆炸等方面都具有非常重要的作用。然而存在一个难点，就是X射线会被地球大气层所吸收，所以只能在宇宙中进行观测。

比X射线波长更短的电磁波是伽马射线，能量最高。太阳耀斑等也会释放出伽马射线，不过最近伽马射线暴这一现象引起了人们的注意。伽马射线暴就是突然会出现像闪光一样的伽马射线的波束现象，为什么会发生这样的现象呢？现在还不清楚，不过我们知道了位于数十亿光年远处的宇宙所发生的事情。我们期待通过仔细研究伽马射线暴，能够更加详细地了解遥远的宇宙的样子。

红矮星蝎虎座EVLacertae上发生的非常巨大的耀斑。X射线适合观测此类活跃的现象

（出自：NASA）

045 电波观测的特点是什么？

回答：同可见光相比，可以看得更远，可以捕捉到能量较低的
　　　天体。

比红外线波长更长的电磁波是电波。从能量低的天体到能量高的天体，基本上所有的天体都释放电波。而且电波不同于可见光，电波可以穿过灰尘以及气体，因此借助电波能够观测到比可见光更远的距离。作为低能量的天体现象，可以举例比如星间物质、超新星爆发的残骸等。宇宙背景辐射是在宇宙大爆炸之后所发射出来的余光，能够捕捉到宇宙背景辐射的就是电波望远镜。此外电波有一个优点就是不受气候的影响，不论白天黑夜都能够进行观测。

为了利用电波观测宇宙，我们使用电波望远镜。不过外观上来看的话，与其说其是望远镜倒不如说其是天线。这么说也有其道理，因为电波望远镜的原理同电视、收音机所使用的天线的原理相同。其将来自特定方向的电波转换成电信号进行观测。通过改变电波望远镜的方向，可获知电波来自什么方向。

现在所使用的电波望远镜，其主流是抛物面天线，通过一个碟子形状的反射镜来收集电波之后，通过天线接收信号。世界最大的电波望远镜位于南美波多黎各的阿雷西博天文台，其直径是305米。该望远镜利用自然的山谷进行固定，虽然天线自身无法改变方向，但可利用地球的自转接受来自不同方向的电波。阿雷西博天文台由全美科学财团负责运营，据说由于资金困难，

在未来几年内将会关闭。

可移动抛物面天线（电波望远镜）中，美国的绿岸射电望远镜最大，直径达到110米。在日本则是位于长野县的野边山宇宙电波观测所的45米直径的电波望远镜最大。作为可以观测波长为毫米单位的毫米波望远镜，野边山的望远镜是世界上最大的。

直径305米的世界上最大的电波望远镜：阿雷西博天文台
　（出自：美国国家射电天文台）

世界上最大的可移动式电波望远镜：绿岸射电望远镜
　（出自：美国国家射电天文台）

046　ALMA 计划是什么计划呢？

回答：所谓ALMA，是南美智利制造的名为"阿塔卡玛毫米/亚毫米波阵列望远镜"的巨大的电波望远镜。

　　ALMA计划，是指使用"阿塔卡玛毫米/亚毫米波阵列望远镜"进行观测的计划，于南美智利的阿塔卡玛沙漠建设了巨大的电波望远镜。ALMA将多个天线组合成一个大的电波望远镜，将其作为干涉仪的望远镜。

　　电波望远镜的抛物线天线越大，灵敏度越高，性能也越高。在可移动的抛物面天线电波望远镜中，直径110米是世界上最大的。由于重量的原因无法建设比这个再大的望远镜。由于无法建设巨大的抛物面天线，因此只能通过增加天线的数量来增加其灵敏度，这就是干涉仪。比如美国干涉仪类型的电波望远镜VLA，每一个天线的直径只有25米，不过27个排放在一起，可以获得比直径100米的望远镜更高的灵敏度。

　　ALMA位于阿塔卡玛沙漠中标高5 000米的山上，由80台抛物面天线排列组成，可以实现哈勃宇宙望远镜以及昴星团远镜10倍的清晰度。其性能足以与在东京即可辨别出掉落在大阪的一日元硬币的能力相匹敌。我们期待使用该望远镜观测到位于130亿光年处的诸如刚刚诞生的星系、太阳系之外的行星系诞生的样子、地球之外的有机分子等可见光所无法观测到的黑暗部分的宇宙的样子。

　　如此壮大的ALMA计划，不是哪一个国家就可以实施的。

其作为国际合作项目由日本、美国、欧洲等共同进行。ALMA
计划是融合了各国或地区原来的干涉仪型的电波望远镜项目而
制定出来的。不同于在光学望远镜领域,各国分别建造了以昴
星团为代表的大型望远镜,相互竞争。而在大型电波望远镜领
域,各国形成了团结协作的机制,2005年10月开始兴建,2013年
3月13日开始运作。

ALMA完成后的图像。80台电波望远镜组成的壮观的大范围阵列望远镜

（出自：ESO）

047　听说宇宙中有望远镜，为什么要将望远镜放到宇宙中呢？

回答：地球上会发生气候的变化、空气的波动等，制约了对宇宙
　　　的观测。

随着时代的发展，望远镜日趋大型化，现在能观测到更遥远的宇宙了。然而不论性能多优越、不论望远镜变得多大，仍存在无法解决的问题。即气候的变化、空气的波动等问题。为了解决这些问题，人们寻找空气比较稳定、晴朗概率比较高的高山，在山顶建设天文台。

然而只要在地球上，就无法根本性地解决问题。因为只要在大气层中进行观测，就一定会存在气候的变化、空气的波动。由此人们考虑离开地球，在宇宙中建设望远镜。

太空望远镜的计划于1968年在NASA立案。一开始准备在1979年发射升空，中途计划调整，研发可以使用航天飞机进行维修并可长期使用的哈勃望远镜，发射升空日期变更为1986年10月。然而受到航天飞机·挑战者号事故的影响，实际发射日期是1990年4月。

哈勃望远镜之后，为覆盖红外线领域的观测，于2003年8月发射了红外线斯皮策太空望远镜。太空望远镜虽然被称为太空望远镜，实际上是围绕在地球周围旋转的人造卫星。其作用就是通过可见光等电磁波对宇宙进行观测。有几个人造卫星虽然没有被命名为望远镜，但其实在宇宙中同样发挥着望远镜的作用。比如X射线观测卫星"钱德拉"、"朱雀"，红外线天文卫

星"明"，太阳观测卫星"日出"等。

　　在这些太空望远镜及观测卫星的帮助下，我们未知的宇宙的样子一点点变得明朗，我们可以看到发生在遥远宇宙中的稀奇景观以及宇宙最古老的星系的样子，这些话题在新闻中也提到过。对我们来说天文望远镜是意外的存在，也是我们身边的存在。

在地球上空596千米的轨道上运行的哈勃望远镜　　　　　　（出自：NASA）

048　哈勃太空望远镜可以用来做什么呢？

回答：哈勃太空望远镜于1990年4月发射升空，拍摄了很多珍
　　　贵的天体照片。

哈勃太空望远镜于1990年4月发射升空，沿着地球上空596米的轨道运行。全长13.1米，重11吨。造为圆筒状，在内侧装置反射望远镜，是真正的漂浮在宇宙中的巨大望远镜。主镜的口径为2.4米，虽然比地面上的大型望远镜要小，不过由于其不会受到空气的影响，所以比起地面上的望远镜，哈勃望远镜能够更清晰地观测到更遥远的天体。

哈勃望远镜的升空场面虽然很隆重，不过升空之后由于研磨失误的原因，主镜边缘出现了些许歪斜。歪斜的大小为0.000 2毫米，一般人可能感觉不算什么太大问题，然而由于这个歪斜，竟导致了清晰度变成了原来的二十分之一，图像对焦也变得模糊。不过NASA马上开发了修正图像的程序，使其恢复到接近原来性能的一半程度。1993年作为航天飞机的任务之一，对哈勃望远镜进行了修理。此时，安装了类似于镜片的用于修正主镜歪斜的装置，恢复了其原本的性能。

哈勃太空望远镜的观测波段包括了可见光，可观测到从紫外线到红外线的大范围的波长带。目前为止的观测中，留下了诸如原始行星系圆盘、超新星爆发、星系碰撞等各种天文现象的美丽图片。通过深入地宇宙探查以及超级深入地宇宙探查，人们捕捉到了宇宙诞生数亿年之后的恒星及星系的样子，从而获

得了一些了解宇宙初期状况的线索。除此以外,人们还成功精确地获取了反映宇宙膨胀速度的哈勃常数,对宇宙年龄的推算作出了贡献,其部分观测数据也成为现在宇宙论的重要支撑。

　　哈勃太空望远镜虽发生了几次故障,但是至2003年4月已经接受了4次维修,目前仍在进行观测活动。原计划使用到2010年,也有人认为其不断出现故障还是提前终止比较好。不过在科学家的强烈要求下,还是进行了第五次的维修任务,原计划在2008年10月实施。后由于哈勃太空望远镜的数据系统出现故障,维护推迟到2009年5月12日,修理非常成功,哈勃太空望远镜可以一直服役到2014年左右。

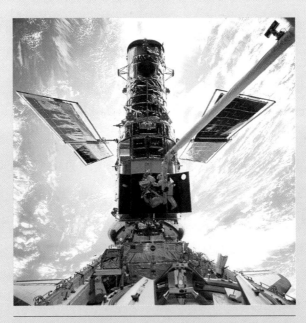

1999年12月第三次修理哈勃望远镜的情景（出自：NASA）

049　日本的探测器好像在月球上运转吧？

回答：2007年9月14日发射升空的"月亮女神"号探月卫星。

　　"月亮女神"号探月卫星于2007年9月14日在种子岛宇宙中心，由日本产火箭H-2A 12号发射升空。"月亮女神"的目的是探索迄今为止仍然不为人知的月亮的起源及进化。

　　约40年前凭借着美国阿波罗计划，人类成功登陆了月球。很多人现在还记得当时的兴奋心情。因此人们很容易误认为已经很了解月球，然而阿波罗计划调查的只有六个场所，且都是月球的正面，即从地球可以看到的一面。这算不上是对月球整体的研究。而且在这40年之间，人们未得到任何新的信息。

　　"月亮女神"号配置了地形照相机、激光高度计、月磁场测定装置、高清摄像机等15种观测设备。在围绕月亮多次旋转的同时，使用这些设备，对月球整体进行精密的研究。

　　在发射升空大约一个月之后的10月19日，"月亮女神"号进入了月球上空100千米的运行轨道，经过对观测机器的确认，于12月21日开始稳定观测。到2008年10月的10个月期间，15种观测设备轮番获取了关于月球的相关数据，并发送至地球。

　　截至2008年5月，已经在世界上首次成功获得了从月球表面或者是月球上拍摄的地球的高清视频。将迄今为止所未曾有过的美好画面传递给了大家。今后还会对月球表面矿物质的构成及分布进行高精度的推测，进一步测定环形山的高度差、月球的重力分布、磁场分布等。通过"月亮女神"号，我们可以探明月球的原貌，比如有用的矿物质原料在哪里分布、月球上有没有水冰、月球诞生时的原始地壳在哪里分布等。

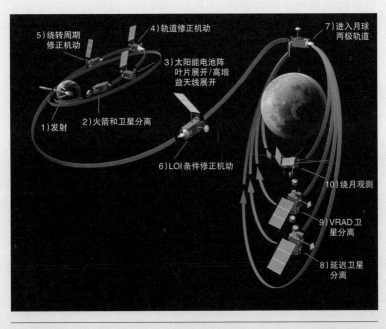

绕月卫星"月亮女神"号的观测情形和赴月路径　　　　　　（提供：JAXA）

050 听说过丝川这个词，这是什么呢？

回答：丝川是在 1998 年 8 月发现的小行星，于 2003 年 8 月命名。

在太阳系，太阳以及行星的作用很大。不过除此以外，太阳系中还存在很多的天体。比如小行星。单是确定了轨道且有编号的小行星就超过了 25 万个。单从数量来说，比起其他的天体小行星数量占绝对的优势。

所谓小行星，就如同其名字一样，是小的天体。基本上被用于称呼那些是由金属或者岩石等所构成的天体。由冰冻物质或者尘埃等构成的释放气体的天体被称作彗星。一般认为海王星外侧的领域存在大量的彗星，以金属及岩石作为主要成分的小行星，大多分布于火星和木星之间。

丝川是沿着接近地球与火星的轨道运行的小行星，周期大约 1 年半，被称为近地小行星。2003 年小行星探测器"隼鸟号"发射升空，丝川的名字也为人们所熟知。为什么呢？因为隼鸟号的目标就是丝川。

如果一开始隼鸟号把其他的小行星选作目标的话，现在的丝川应该是叫别的名字了吧！丝川是 1998 年 9 月由美国·马萨诸塞州工科大学研究小组所发现的小行星，临时编号 1998SF36。隼鸟号一开始的目标是临时编号 1989ML 的小行星。并且委托发现者将 1989ML 命名为丝川。不过预定于 2002 年的发射计划延期了，目标临时变更为 1998SF36。承担隼鸟号任务的宇宙科学研究院的研究小组（当时）同 1998SF36 的发现者取得了联系，希望他们可以把研究对象的小行星命名为丝川。

　　小行星由发现者命名是国际上的普遍做法。丝川的名字，是以日本火箭科学之父丝川英夫命名的。隼鸟号承担着日本的一大任务，即世界上首例的小行星样品返回计划。之所以将其目标命名为丝川，是因为丝川在日本国民中能够很好地传播，同时也是为了纪念日本宇宙事业的先人。

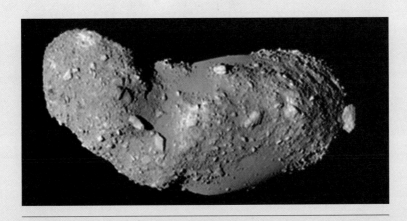

小行星探测器隼鸟号拍摄到的小行星丝川　　　　　　　　　（提供：JAXA）

051 隼鸟号探测器在丝川上进行了什么样的调查呢？

回答：对丝川的外形、地形、元素组成、重力等进行测定，将其表面物质带回地球。

　　小行星探测器隼鸟号的最大目标是收集小行星丝川的表面物质样品，并将其带回地球，也就是说样品返回。自1957年人造卫星伴侣1号发射升空以来，人类从宇宙中带回天体样品的案例只有两个。一个是阿波罗计划带来的月球的岩石，还有一个是彗星探测器星尘号收集的怀尔德2号彗星的颗粒。星尘号是1999年7月发射升空的探测器，2004年1月采集彗星的样品，2006年1月带回地球。隼鸟号如果能够成功将丝川的样品带回地球的话，将成为世界上第三例天体样品。

　　隼鸟号的构想源于1986年。经历了两次发射延期，于2003年5月成功地升入太空。2年4个月之后的2005年9月12日，成功到达距离丝川20千米的位置。在该位置进行观测，调查丝川的整体地形。同时进行近红外线观测，调查了其表面存在的矿物质的种类及形状。此外还降低高度，进行丝川登陆练习，拍摄高精度的图像。

　　2005年11月20日，成功实现了世界上第一次小行星软着陆。不过当时在高度10米的时候，隼鸟号的高度计不工作了。地面控制室完全不能掌握隼鸟号是处于什么状态，这样的情况大约持续了30分钟。丝川的表面温度达到100摄氏度左右，隼鸟号自身有损害的可能性，所以地面发出了喷射推进的指令，离开了丝川。在准备妥当之后，于6日后的11月26日进行了第二次着陆挑战，取得了成功。第二次着陆时，采集了丝川的表面样品。第二次着陆的时间大约1秒，隼鸟号就再次离开了丝川。

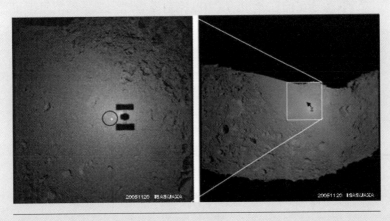

丝川表面以及隼鸟号的影子　　　　　　　　　　　　　（提供：JAXA）

052　隼鸟号探测器现在是怎么做的呢？

回答：隼鸟号于2007年4月离开了丝川的轨道，于2010年6月
返回地球。

隼鸟号是世界上第一个实现小行星登陆、离开的探测器，
也被认为是第一个成功获取小行星样品的探测器。为什么不能
明确地说其成功地采集了样品呢？因为通过隼鸟号返回的数据
对其第二次着陆时的样子进行分析时无法确认样品采集装置是
否正常工作。原计划是在样品采集装置接触丝川表面的时候，
从装置中发射子弹击碎岩石，进而获取碎片。不过火药有可能
没有爆炸，没有被打进去。但是样品采集装置确实接触了丝川
的表面，可以看到其肯定是采集到了砂等较轻的物质。实际上
不管是采集到了什么样的物质，在隼鸟号没有回到地球之前是
没办法确认的。

隼鸟号在前往丝川的途中，控制姿势的化学发动机发生了
故障。在第二次离开丝川之后，化学发动机最终失去了对姿势
的控制。分析数据发现，发动机系统中有燃料气体泄露的情况。
隼鸟号的运行小组很快地关闭了发动机系统的阀门，阻止了燃
料的外泄。同时将原用于离子发动机推动力的疝气用在姿势控
制上，总算维持住了隼鸟号的姿势。即使这样也不可能马上就
稳定其姿势，于是决定将隼鸟号返回地球的日期从2007年6月
延期到2010年6月，整整延长了三年。这是因为如果要在2007
年6月返还地球就需要在2005年12月上旬脱离丝川的轨道，而

当时并不具备这样的条件。

运行小组为了让隼鸟号返回地球，开发和试验利用疝气以及太阳能的控制姿势的新方法，其返回地球总算有了眉目。隼鸟号于2007年4月脱离了丝川的轨道，开始了返回地球的旅程。然后于2010年6月克服重重困难回到了地球。在隼鸟号带回地球的太空舱中，就有丝川的物体样品。

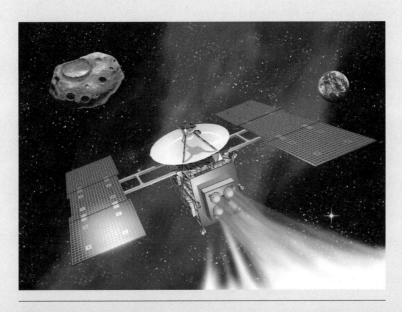

隼鸟号的离子发动机喷射图像 （提供：JAXA）

053　通过调查小行星，明白了什么事情呢？

回答：通过研究小行星，可以得知太阳系刚诞生时的样子。

现在我们所知道的太阳系的样子，是经过长年累月进化之后的结果。宇宙中太阳从诞生发展到现在的样子，到底是经历了什么样的发展道路呢？最终也只能通过推测了。但是就像我们如果发现化石的话，我们就会知道在远古时代究竟生活着什么样的生物，如果有证据能够将过去的样子再现的话，即使是推测，可靠性也肯定会提高。

对于太阳系来说，相当于化石的就是小行星。一般认为太阳系的行星是在原始太阳的周围产生的尘埃等慢慢地变大，形成微行星，微行星不断地冲突，成长为小行星、行星。成长为行星的天体，自太阳系诞生之后经历了很多的变化形成了现在的样子，所以这同其刚诞生时的样子相去甚远。从这一点来看，小行星变化的量比较少，还保留了太阳系刚诞生时的信息，这是十分值得期待的事情。

世界最先进行小行星探测的是 1989 年 10 月发射升空的行星探测器伽利略号，伽利略号是为了调查木星及其卫星而研制的探测器。不过在其前往木星的途中，分别于 1991 年 10 月接近了小行星克里米亚，又于 1993 年 8 月接近了小行星艾达，分别对其进行了拍照及观测。结果是获得了克里米亚可能存在磁场的信息，并在艾达星发现了艾卫艾女星。

之后 1999 年 7 月深空 1 号接近了小行星布拉耶，会合 - 舒梅克号宇宙探测器从2000年开始一边环绕小行星爱神星运行一边进行观测,持续了一年时间。此外2005年11月,隼鸟号登陆丝川,向地球发送了大量的数据。

木星和火星之间被认为有小行星带形成
（出自：ESO）

小行星林神星的两个卫星雷穆斯（Remus）及罗慕路斯（Romulus）
（出自：ESO）

第五章
渐渐改变的
太阳系

我们对地球所在的太阳系有着特殊的感情。那么太阳系我们了解多少呢？这里要对冥王星现在的归类以及太阳系的新常识做一个解说。

054 听说冥王星不再定义为行星，为什么会发生这样的事情呢？

回答：根据行星的最初定义，冥王星不是行星。

2006年8月国际天文学联合会议决定将冥王星从太阳系行星中除名。冥王星不是行星，而是被纳入矮行星（dwarf planet）这一新的分类。据此太阳系的行星从水星到海王星一共8个。

所谓行星是指围绕在闪闪发光的恒星周围运转的自身不发光的天体。就太阳系来说，一般可以理解为环绕在太阳周围的天体，不过之前还没有专门的定义。太阳系的行星中，到土星为止的6个行星是古代已经发现的，而后随着观测技术的发达，1781年发现了天王星，1846年发现了海王星，1930年发现了冥王星。

冥王星刚发现的时候，原以为同地球差不多大小。不过根据后来的观测，我们知道其还有一个名为卡戎的卫星，而且可以确认其比地球的卫星月球要小。关于其内部构造，冥王星的岩石内核被厚厚的冰层包裹，这不同于其他的行星。此外其他的行星围绕太阳旋转的公转轨道基本上都是圆形的，而冥王星则是椭圆形的，轨道本身比其他的行星轨道平面倾斜了大约17度。就这样关于冥王星的了解越是清晰，专家之间对冥王星究竟是不是行星的一员这一议论就越激烈。

为了解决以冥王星为中心的行星的问题，由世界上的天文学家所组成的、可以说是天文学总管辖处的国际天文学联合总会就太阳系行星的定义进行了辩论。据此决定符合以下三个条件的天体就是太阳系的行星。

（1）围绕太阳运转；

（2）质量足够大，凭自身的重力保持球形状态；

（3）吸收或者清除其轨道附近其他小的天体，具有很大的重力。

满足这三个条件的天体，现在只有从水星到海王星的8个天体。冥王星虽然满足前两个条件，但是不满足第三个条件。因此将其从行星中排除出去。

冥王星和它的卫星卡戎不再是太阳系行星的同类了 （出自：ESO）

055　行星的数量曾经变为 12 个，这是怎么发生的呢？

回答: 有提案将冥王星保留在行星中,将行星的数量定在12

个,不过结果是采用了8个的提案。

国际天文学总会决定了太阳系行星的定义,冥王星是不是
行星这一争议也有了定论,不过其过程并不是那么简单。这一
争议的起因是 1992 年小行星 1992QB1 的发现。

小行星 1992QB1 沿着海王星轨道外侧运行,具有同冥王星
相似的特征。后来,又发现了几个同样的小天体,现在已经确认
的有 1 000 个以上。在海王星轨道外侧发现的小天体群,被称为
太阳系外缘天体(TNO)。在天文学家中有这样的说法,与其说
冥王星与行星同类不如说与 TNO 同类更好。

在数量众多的天体中,太阳系的行星是我们最熟悉的。有
人认为把一个已经将其作为行星对待了70多年的天体冷不丁
地从行星中排除出去不太好,不过这始终没有得出结论。直到
1998年左右有提案希望继续将冥王星作为行星,分配小行星的
编号,不过这没有得到人们的理解,遭受了挫折。

行星的定义我们已经知道,是2006年的国际天文学联合总
会讨论的结果。国际天文学联合在汇总2006总会草案之前,召
集了两个委员会,进行了多次慎重的讨论。

最初提出的草案,是将冥王星作为行星的一员保留下来。
不过如果要保留下来的话,火星同木星之间的小行星色列斯、
冥王星的卫星卡戎及TNO中比冥王星大的阋神星等都得认作

是行星。如果这样，就会有很多难以理解的问题，会引起较大的反对。

　　结果根据总会决议，采用了太阳系的行星是从水星到海王星的8个行星的提案。冥王星成为新设的矮行星的一员，之后配以小行星的连续号码。冥王星开始了第二段人生。

阋神星（右）和冥王星。两个天体比较起来，阋神星更大　　　　　（出自：NASA）

056 是不是行星减少一个，太阳系的大小就会变小呢？

回答：冥王星不是行星，太阳系的范围变大了。

太阳系的尽头在什么地方呢？太阳系就是指以太阳为中心的行星等天体的集合体。太阳系的构成，行星占据了很大的位置，所以我们有一个印象，就是回绕在最外侧的行星就是太阳系的边缘。不过最近的研究表明事实并不是这样的。

现在太阳系中围绕在最外侧的是海王星，距离太阳大约45亿千米。海王星的外侧是什么样的呢？实际上，还分布着大量的天体。比海王星更远的天体中，最有名的是冥王星。冥王星在不久前还是行星的一员，不过从其特征来看，其不是行星而是矮行星的一员。之所以这么说是因为在海王星更远的地方发现了更多的同冥王星特征相似的小天体。

20世纪40年代，爱尔兰的肯尼斯·埃奇沃斯以及美国的天文学家杰拉德·柯伊伯发表了学说，认为在海王星更远处，存在由冰构成的小天体带，其为彗星之源。而且他们将沿着比海王星更远的轨道运转。基本上呈现圆盘状集结在太阳公转轨道上的天体称为埃奇沃斯·柯伊伯带天体（EKBO）。

不过，EKBO最初还只是个预言，在很长时间内还没有实际观测到。随着1992年小行星1992QB1的发现，其现实存在性才得以确认。之后发现了大约1 000个天体。同EKBO一样指代海王星外侧的天体的词语，还有太阳系外缘天体TNO。存在多个名字容易引起混乱，人们推荐统一使用TNO。当然冥王星也是TNO中的一员。冥王星脱离行星，好像感觉太阳系本身变小了一样，不过换个角度来看，冥王星被认为是TNO的一员，太阳系的范围反而进一步得以变大延伸。现在已知的太阳系的天体中，距离最远的是2003年发现的赛德娜。

艺术家想象中的小行星2003 VB12"赛德娜"

NASA, ESA and A. Schaller • STScI-PRC04-14b

从小行星赛德娜上看太阳。赛德娜是现在观测的太阳系最外侧的天体

（出自：NASA）

057 太阳系的边际在哪里呢？

回答：是距离太阳约1.5万亿~15万亿千米的奥尔特星云吗？

现在已知的距离太阳最遥远的天体是赛德娜。最开始以为赛德娜位于太阳到地球距离的大约100倍的位置上。不过，之后的观测发现，赛德娜的轨道是椭圆形的。距离最远的时候，大约是太阳到地球距离的850倍。

如果存在距离太阳和赛德娜同样距离的天体的话，太阳系外缘天体（TNO）就会分布在从太阳到地球距离的1 000倍，即距离太阳约1 500亿千米的位置处。如果认为TNO是太阳系一员的话，太阳系就会延伸到距离太阳约1 500亿千米的地方。

大约是在埃奇沃斯以及柯伊伯预言TNO存在的同一个时期的1950年，有人提出比TNO更远的地方存在同太阳系相关的天体，这就是荷兰天体物理学家奥尔特。他觉得太阳周边的长周期彗星不可思议，那么这些彗星到底是从哪里来的呢？带着这样的疑问，他仔细计算了彗星的轨道。而且得出结论，认为作为长周期卫星来源的由冰构成的小天体，存在于距离太阳1.5万亿~15万亿千米的地方，将太阳系包裹其中。

这些小天体群呈球状分布将太阳系覆盖，所以称其为奥尔特星云。形成奥尔特星云的天体，还没有实际观测到，所以到底有没有奥尔特星云还尚不清楚。不过即使奥尔特星云存在，也不会同其他的理论产生矛盾。

一般认为奥尔特星云是在太阳的重力作用下形成的。如果将太阳的影响所涉及的范围称作太阳系的话,奥尔特星云也应该包含在太阳系中。这样,太阳系的大小就会延伸到距离太阳1.5万亿~15万亿千米的地方。

另外,长周期彗星是公转周期在200年以上,或者是只接近太阳一次不会再返回的彗星。比长周期彗星周期短的彗星被称作短周期彗星。一般认为短周期彗星的故乡是TNO。

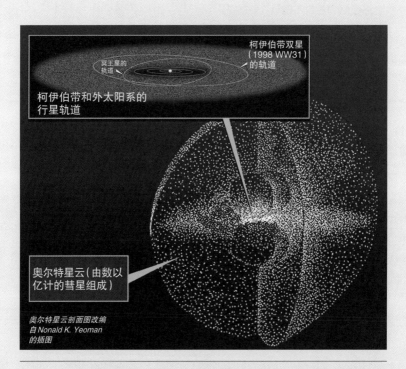

包住太阳系的奥尔特星云想象图。如果把奥尔特星云也算进太阳系,太阳系的范围会非常巨大 (出自: Hubblesite)

058　太阳是如何产生的呢？

回答：目前人类还不太了解太阳的起源，不过据说是诞生于大
　　　约46亿年前。

对于居住在太阳系第三行星的我们来说，太阳是离我们最
近的天体之一。一般认为太阳是在距今46亿年前在宇宙中诞
生的。不过没有人知道是经历了什么样的过程之后才诞生的。
因为人类在这个地球上诞生的时候，太阳已经存在了。宇宙发
生的事情没有用摄像机拍下来留作记录，所以理所当然我们也
没办法看到太阳诞生时的情况。

虽然无法看到太阳诞生的原过程，我们还是可以从其替代
物中进行推测。太阳只是宇宙中数不尽的发光恒星中的一员，
如果我们研究恒星是如何诞生的话就可以明白太阳的起源。

恒星是由漂浮在宇宙中的气体和尘埃构成的。这些物体
集结在一起，密度变高就会形成星间分子云（星云）。在星云
中集结在一起的气体和尘埃在相互引力作用下相互吸引、压缩
体积、然后分成几个小块，再进一步压缩就形成了恒星。美国
斯皮策太空望远镜在猎户座附近的被称作巴纳德30领域以及
BHR71星云中，捕捉到了刚刚诞生的恒星的样子。

恒星不是一次诞生一个。一次会有数十个、数百个星体在
同一个区域同时诞生。所以，年轻的恒星自然而然组成被称为
星团的集团。星团分为好几个种类，同太阳一样在银河系圆盘
部位诞生的恒星形成了被称为疏散星团的星团。说到疏散星

团,感觉好像没怎么听说过,我们所熟知的位于金牛座一角的昴星团(昴宿星团)也是疏散星团的一员。

刚刚诞生的恒星,在星云的摇篮中同其他的兄弟一起,形成了星团。不过随着各恒星活动的增强,在发射出恒星风及紫外线的时候,就会吹散周围的气体及尘埃。这样一来,兄弟之间也会慢慢地分离,最终一个恒星单独地发光。一般认为太阳也是从星云中诞生的,经过疏散星团之后变成现在的状态。经历了同一起出生的兄弟分离的过程,那么哪一个星球是太阳的兄弟星球呢? 目前还不清楚。

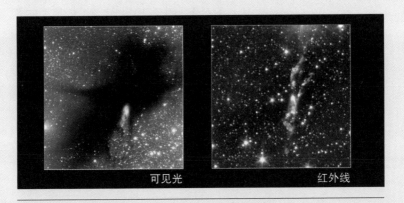

可见光　　　　　　　　红外线

斯皮策空间望远镜观测到的BHR71星云。通过可见光(左)什么都看不见,通过红外线(右)观测可以捕捉到刚刚诞生的恒星的样子　　　(出自: NASA)

059 太阳系的行星是如何形成的呢？

回答：一般认为是在太阳诞生的时候，由残留在周围的星间气
体以及尘埃构成的。

一般认为太阳系的历史，始于太阳的诞生。具体如下：

首先星间气体以及尘埃在某种契机下开始集结，中心部分密度最大的地方，形成了原始的太阳。原始的太阳周围还残留着没有真正成为太阳一部分的气体以及尘埃。这些物质围绕太阳四周运转，形成了集结在太阳赤道面的圆盘。该圆盘被称为原始太阳系圆盘，不久就变成了太阳系的行星。

构成原始太阳系圆盘的气体及尘埃存在质量上的差异。在围绕太阳周围旋转时，质量大的尘埃即使是在圆盘中也会集结到距离太阳赤道面较近的地方，在圆盘厚度的正中间附近形成尘埃层。尘埃层慢慢变成了块状体，成长为无数的微行星。

微行星是直径1~10千米大小的小天体。微行星形成后，微行星之间就会相互冲突，在反复冲突的过程中大的微行星吸引小微行星变得更大，形成了原始行星。

从水星到火星等距离太阳较近的行星，就是在微行星以及原始行星不断冲突后，才成长为现在的大小。比木星距离更远的行星具有较大的质量，成为凭借自身重力将原始太阳系圆盘中残留的气体吸引到周围的气体行星。

太阳系诞生的情节中，有很多没有解决的问题。比如原始太阳系圆盘中，尘埃集结在一起形成微行星，我们不知道其是通

过什么样的机制形成的。也有人提出了计算结果：在有的条件下，微行星在形成过程中，尘埃被全部吸附到太阳周围而无法形成行星。此外我们不清楚木星和火星之间的小行星带是如何形成的。太阳系是我们距离宇宙最近的部分，但是还有很多我们目前未知的事情。

太阳系诞生时的图像。有无数小行星产生　　　　　　　　　　（出自：NASA）

060 太阳系的行星是不是都是相同的构造呢？还是说每个行星都存在区别呢？

回答：太阳系的行星，可以分为地球型行星及木星型行星两类。

太阳系的行星，按照距离太阳远近的顺序排列为水星、金星、地球、火星、木星、土星、天王星、海王星。研究一下行星的构造，可以将行星分为两类。

第一类是地球型行星。金属核的周围被坚硬的岩石覆盖，也称为岩石型行星。属于该类行星的有水星、金星、地球、火星4个行星。地球型行星是以金属以及岩石为主要成分聚集在一起的小型行星，相反密度却很大。8个行星中密度最高的是地球，每立方厘米的重量为5.52克。

第二类是木星型行星。气体覆盖在由岩石和冰构成的内核周围，主要成员为木星、土星、天王星、海王星。木星型行星可以进一步细分。内核小气体层厚的木星、土星是巨大的气体行星，一半以上都是由冰构成的天王星、海王星为巨大的冰行星。

太阳系行星中最大最重的是木星。直径是地球的大约11倍，重量大约是地球的318倍。同样巨大的气体行星，土星的重量约是地球的95倍。巨大的气体行星为什么会变得这么大这么重呢？这要追溯到行星诞生之前。

行星是在原始太阳系的圆盘中，由气体及尘埃集结而形成的。地球诞生的地方距离太阳比较近，温度比较高，耐高温的金属及岩石变成了尘埃，成为行星的构成材料。而木星及土星所诞生的地方远离太阳,温度比较低,除了金属、岩石之外,也出现了冰尘埃。以这些物质为材料,形成了比地球更大的原始行星。一般认为木星以及土星的原始行星的质量大约成长到地球的10倍左右。当然引力也变大,将残留在原始太阳系圆盘中的气体吸附到四周。集结起来的气体被强大的引力进一步吸附,就不再作为大气飘浮在空中,而是落到行星表面成为行星的一部分。就这样通过慢慢地吸入气体成长为巨大的气体行星。

太阳系的行星。比较大小,木星型行星显得特别大　　　　　　　（出自：NASA）

061　太阳系中的天体是不是只有太阳和行星呢？

回答：太阳系中，除了太阳和行星之外，还有卫星、小行星、彗星
　　　等很多天体。

　　太阳系是指以太阳为中心的天体的集合。说到代表太阳
系的天体，是指太阳及其四周运转的8个行星。太阳及其行星
自远古以来就是人们熟悉的天体，被用于日历以及占星术中，同
人们的生活密切相关。行星同其他的天体相比具有超高知名
度，所以说到太阳系很多人就会产生错觉，认为太阳系是仅仅由
太阳及8个行星构成的。

　　不过认真思考一下，就会注意到除了太阳和行星之外，还
有一个天体支撑着人们的生活，这就是月亮。月亮是围绕地球
运转的地球卫星。我们在日常生活中，基本上不会接触到月亮
之外的其他卫星。实际上地球外侧的行星全部都有卫星。

　　月亮之外最先被发现的卫星，是围绕在木星周围运转的木
卫一（艾奥）、木卫二（欧罗巴）、木卫三（盖尼米得）、木卫四（卡
里斯托）。这四个卫星是在1610年伽利略·伽利莱使用望远镜
观测木星的时候发现的，被称为伽利略卫星。

　　之后随着望远镜的精度提高、行星探测器的出现，观测技
术不断提升，新的卫星也不断地被发现。20世纪90年代初，太
阳系被发现的卫星数超过60个。卫星的发现速度也进一步提
高，现在已经超过160个。在太阳系的行星中，卫星数量最多的
是木星，已发现63个卫星。

除此以外,太阳系中还存在小行星及彗星。小行星是还没有完全变成行星的小的天体。1801年,谷神星的发现证明了其存在性。通过后来的观测我们得知,火星同木星之间存在集结了大量小行星的小行星带。现在已被确认的小行星中,已经明确轨道的就达到大约25万个。另外谷神星在2006年的国际天文学联合总会上,在决定行星的定义时同冥王星一起被归类为矮行星。另外彗星是冰及尘埃的集合物,在抵达太阳附近时就会拖起长长的尾巴。

太阳系行星的卫星们。包括月球,木星的卡里斯托、盖尼米得、艾奥、欧罗巴,土星的泰坦、利亚等被一一描绘出来 （出自：NASA）

062 太阳系中可能有新的行星，这一说法是真的吗？

回答：太阳系外缘天体外侧，可能存在尚未被发现的未知的
行星。

2006年将冥王星从行星中排除出去，太阳系的行星变成了8个。在人们以为引起长年争论的冥王星的问题终于有了定论，行星的数量终于确定下来的时候，2008年3月神户大学向井正小组预测在太阳系外缘部分可能存在未知的行星X。如果存在未知行星的话，其轨道最接近太阳的近日点将超过120亿千米，轨道长半径为150亿~262.5亿千米，轨道面则比其他的行星倾斜20°~40°。

新行星的预测来自哪里呢？掌握这个关键的是太阳系外缘天体（TNO）。就像名字太阳系外缘一样，在太阳系中靠外侧，围绕最外侧运转的海王星的外侧，还有一个天体群在运转，这就是TNO。这些天体的主要成分基本上是冰和尘埃。

一般认为太阳系的行星是由集结在原始太阳周围的呈环状的气体及尘埃所构成的。实际上从水星到海王星的8个行星都同这个理论一致，都是在同一个平面以接近圆形的轨道旋转。但是TNO是椭圆形轨道，轨道面也是倾斜的，无法用行星系形成理论进行说明。所以人们设想未知行星X的存在。假设存在行星X的话，就能够很好地说明TNO的轨道之所以变成现在的形状的原因。

一般认为行星X的质量大约是地球的0.3~0.7倍，大小比地

球稍微小一点。如果该行星距离太阳120亿千米的话，其亮度就会同冥王星、阋神星（Eris）一样，大约为14~18等。如果对行星X可能存在的区域进行大规模探测，在今后的5~10年应该会发现行星X吧！

假想中太阳系外缘存在的未知行星X的图像

（出自：Fernando D'Andrea/Southlogic Studios）

063 行星只存在于太阳系吗？

回答：太阳系之外也存在行星。

行星一般是指围绕在发光的恒星周围运转的较大的天体。不过有很长时间都没有对其进行天文学方面的定义，直到2006年国际天文学联合会对行星进行了定义。不过这仅仅限定于太阳系，关于太阳系之外的定义依然没有明确。

宇宙中存在着数不清的恒星。单是地球所在的银河系，据说大约有2 000亿个，太阳只不过是其中之一。当然，就是有像太阳一样支配行星的恒星存在也不奇怪。根据某种说法，仅仅是银河系内，恒星总数的10%、约200亿个恒星有行星。不过行星自己并不发光，所以发现太阳系之外的行星就非常困难。

实际上最初捕捉到太阳系之外的行星是1995年的事情。瑞士的研究小组发现了围绕在距离地球47.9光年的恒星飞马座51号星周围旋转的行星。该行星位于距离飞马座51号星约750万千米的位置，公转周期是4.2日。这样为了区别太阳系以外的行星和太阳系的行星，我们称之为系外行星。

系外行星位于恒星的附近，而且自身是不发光的，他们隐藏在恒星的光芒之中。那么系外行星是如何被发现的呢？带有行星的恒星在行星的重力吸引下，变得不稳定，此时来自恒星的光会发生细微的变化。此外行星在进入恒星和地球之间时，恒星的光会被稍微遮掉一部分。观测这些光的微妙变化可以探明系外行星是否存在。

　　自1995年系外行星被发现以来，人们采用同样的方法确认了一个又一个系外行星的存在。2006年末已经确认了200个以上的系外行星。不过直接观测获取系外行星的图像还没有取得成功。截至2014年3月5日已经被认定的系外行星有1 078颗。

木星型系外行星的想象图　　　　　　　　　　　　　　　（出自：ESO）

064　被发现的系外行星同地球相似吗?

回答: 基本上都是木星型, 最近也发现了同地球类型相似的系
　　　外行星。

　　研究系外行星对于理解宇宙的多样性是非常重要的。现在已知的系外行星基本上都是木星型的巨大的气体行星。而且距离主星恒星的距离都非常近。其中也有公转周期只有大约10小时的系外行星候补。

　　说到行星系, 我们最先想到的是太阳系。为什么呢? 因为太阳系是距离我们最近的行星系。在太阳系中距离主星太阳较近的地方有以岩石、金属为主要成分的地球型行星, 在外侧有类似于木星的巨大的气体行星。在发现系外行星的其他行星系, 像木星那样的巨大的气体行星都处于距离主星恒星非常近的位置, 这点同太阳系相去甚远。在不断发现巨大的系外行星的过程中, 我们逐步意识到太阳系并不是行星系的模板, 而是行星系中特殊的存在。

　　不过现在主流的系外行星探测方法是利用恒星的光的变化进行探测的, 其特征是容易发现质量较大的巨大气体行星。像地球型这样质量比较小, 温度较低的行星, 即使存在, 按照这样的方法也没有办法观测到, 这是事实。科学家为了捕捉到更小的系外行星, 日复一日地进行着研究。

　　最近美国的研究小组于2005年6月发现了相当于地球质量5.9~7.5倍的系外行星。以名古屋大学为中心的研究小组于

2006年1月发现了相当于地球质量5.5倍的系外行星。从重量来看，两个都很可能是以岩石为主要成分的地球型行星。2007年，发现了相当于地球质量5倍的行星格利泽581c。该行星同地球十分相似。

在系外行星中，我们之所以希望发现地球型行星有很重要的理由，即在地球型行星中可能存在生命。如果是同地球相类似的环境，生命也很容易生存。迄今为止已经对太阳系内的行星及卫星是否存在生命进行了探索，结果不要说生命，就是痕迹也没有发现。从探索地球外生命的观点出发，也非常希望发现地球型系外行星。

恒星格利泽581（右）和其行星的想象图。图像中左下方的大天体是地球质量5倍重的格利泽581c行星　　　　　　　　　　　　　　　　　（出自：ESO）

065　月亮是如何形成的？

回答：关于月球的起源有4种说法，最有力的就是大碰撞之说。

　　距离地球最近的天体是月亮。不过月亮是如何诞生的呢？又是经过什么样的过程才形成现在的状态的呢？这些现在依然还是个谜。

　　迄今为止的研究认为月球的诞生有4种说法。第一种是"亲子（分裂）说"。其认为原始地球最先形成，在稳固之前伴随地球的自转，在离心力的作用下，一部分脱离出去，就分成了地球和月球。不过地球和月球得以分裂，当时的地球自转速度必须是现在地球自转速度的2倍。这样的话存在一个难点，就是现在地球的自转速度以及月球的公转速度为什么没有变得更大，这一点很奇怪。

　　第二种是"兄弟（双子）说"。不同于亲子说，双子说认为，地球和月球是在同一个时期，经历同一个过程所形成的。地球同月球的构成物质以及内部构造都很相似。猛一看好像没什么矛盾点，不过比较一下比重的话，就会发现地球是5.52，月球为3.34，存在差异。如果是同一个时期同样诞生同样成长的天体，比重应该也是一样的值。这个疑问双子说无法解释。

　　第三种是月球受到地球引力吸引围绕在地球周围运转的"捕获说"。之前的两种观点，认为地球与月亮是在同一个场所诞生的，而该观点认为月亮和地球是在不同的场所诞生的。不过由于地球和月亮的内部构造很相似，如果说是不同的场所中诞生的有点说不通，所以不被人们接受。

那么第四种就是"大碰撞说"。原始地球在成形的时候，受到火星大小的天体的撞击，同原始地球撞击的天体的地幔物质的一部分飘散在地球的周围，形成了月亮。现在该说法被看做是最有力的说明。

根据1998年发射升空的美国月球探测器"月球勘测者"的观测结果我们得知，月球内核的质量只占全部质量的2%左右。而地球上内核的质量大约占了30%。其结果支持了"大碰撞说"的主张，"大碰撞说"认为原始地球以及冲突天体的地幔部分飘散形成了现在的月球。

天琴座的织女星周边发生的冥王星尺寸的天体碰撞的样子。"大碰撞说"如果正确的话，地球以前曾经和大天体碰撞过　　　　　　　　　　（出自：NASA）

066　月球还有其他的谜吗？

回答：相对于母星地球，月球的大小无法得到解释。

　　月球所包含的秘密，不仅仅是其如何诞生的起源问题，对于科学家来说，月球的大小也是一个谜。月球为母星地球大小的四分之一。这个比例在太阳系的天体中是第二大的。相对于母星来说大小比例最大的是冥王星的卫星卡戎。卡戎大约是母星冥王星的一半大小。通过比较母星同卫星的关系也有学者更倾向于认为它们是二重行星。

　　二重行星还没有明确的定义。很多情况下是将大小相似、共同中心位于宇宙中而不是任何一个天体中的情况称作二重行星。比如冥王星同卡戎，我们知道它们的共同中心不在冥王星的内部，而是在宇宙空间内，所以与其说它们是母星和卫星的关系，不如将它们称作二重行星更加简洁利索。2006年8月太阳系行星的定义明确下来，冥王星被排除出行星的行列。所以也不再将冥王星与卡戎称作二重行星，而将其称作二重小行星、二重矮行星可能更加合适。

　　地球和月球，单从大小来看，如果将其视作母星同卫星的关系，就有点偏大了，所以有观点认为还是将其视作二重行星比较好。不过比较下质量，月球只有地球的八十分之一，所以不能称得上是同样的尺寸。另外，地球和月亮的共同中心位于地球的内部。一般观点认为地球和月球并不是二重行星，而是母星同卫星的关系。

认为月亮同地球是二重行星的观点本身也说明了月亮同地球相比是非常大的。我们认为月亮是现在的大小已经理所当然了。不过关于大小这一点也是月亮的一个谜。

两组母星和卫星：冥王星和卡戎、地球和月球。卡戎是太阳系存在的卫星中相对于母星而言最大的卫星　　　　　　　　　　　　　　（出自：NASA）

067 为什么会出现极光?

回答:等离子体形成太阳风和地球的大气相撞后形成了极光。

极光是地球上产生的自然现象当中最宏大美丽的奇观之一。黑暗的夜空中绿色、粉红色、蓝色等绚丽的光彩像被风吹拂的窗帘般闪烁摇摆。远在古代,人们就将极光作为天象之谜对其密切地关注和探索着,在圣经旧约中、在因纽特人和美洲印第安人的神话中也曾出现。极光(aurora)这个词,来自罗马神话中登场的女神奥罗拉,由伽利略·伽利雷命名。

说到极光,人们往往认为其在苍穹之中突然展现炫目风采,随即又消失得无影无踪,然而极光是一直存在并包围着北极和南极的。极光虽是地球上产生的现象,但并不是地球自身便能产生的,因为没有太阳是不能形成极光的。

太阳周围的稀薄大气层——色球层和日冕包围着太阳。最外侧的日冕可以达到太阳半径数倍的距离,其内部是等离子体气体。由于离太阳越远,太阳的重力和磁场的影响就越弱,因此日冕外侧的等离子体气体会脱离太阳并被释放到宇宙空间。此气体被称为太阳风,正是因为有太阳风,地球才能产生极光。

太阳风不仅在太阳的周边,据说可延伸到比海王星远数倍的距离。当太阳风来到地球的周围时,会沿着地球磁场的磁力线流动。等离子体的太阳风在地球的磁力线附近流动时,与北极和南极周边聚集的磁气圈相遇。

由于等离子带有电荷,在与地球大气相撞时,便会发出绿色、粉红色的色彩。极光帘子般的形状,是由于等离子体沿着磁力线流动,使大气闪烁。虽然人们无法用肉眼捕捉到磁力线,然而由于地球的大气和太阳风的存在,便会以极光的形式让人们看到地球的磁力线。

极光将地球的磁力线呈现为人们能肉眼观察到的现象

068　刚刚诞生的地球，是什么样子的呢？

回答：地表上是广阔岩浆海，二氧化碳和水（水蒸气）组成的浓
　　　密大气在这周边环绕着。

　　地球诞生的时期与太阳相同，大约在46亿年前。在原始太
阳系圆盘中形成了许多微行星，之后微行星更进一步发展为行
星，地球也是这样形成的。原始地球诞生的时候大地还未凝固，
是处于溶解状态的黏糊状热岩浆，并且原始地球的周围有很多
微行星，他们被地球重力吸引与地球多次相撞。微行星的反复
相撞使得原始地球和微行星的成分相互溶解并在大气中蒸发，
在这一过程中金属成分和岩石成分得到分离。密度高的金属成
分向地球中心部分移动成为形成核心的材料，地球表面部分残
留了密度低的岩石成分。

　　在空中，微行星与地球相撞会伴随着大量二氧化碳和水分
的蒸发，成为包围地球的大气。二氧化碳和水（水蒸气）具有将
地表所产生的热量储备起来的温室效果。通过二氧化碳和水
（水蒸气）所形成的大气层，地球表面温度随之变高，随着表面温
度的变高，大气的量也会进一步增加。随着温度的持续上升，地
球表面的大气压达到数百个标准大气压、约1 300摄氏度的超高
压超高温状态，表面的岩石成分溶解，形成了广阔的岩浆海。

　　之后这个状态会随着地球与周围的微行星相撞暂告一段
落而发生改变。与行星的相撞开始减少，地球表面和大气的温
度会随之下降。地球表面形成的岩浆海由外侧开始凝固，于是

地壳便形成了。之后大气中的水（水蒸气）随之冷却为雨水，落到地表。降雨会使地表更进一步凝固，大地和海洋便也随之形成。随着地表上的液态水成为大海，地壳的物质与大气中的二氧化碳便随之溶解于大海中。有温室效果的二氧化碳和水（水蒸气）开始从大气层中向地表移动，向宇宙空间的热辐射更顺畅，地球的气温逐渐趋于稳定。

地球刚诞生时的情景，后面可以看到刚诞生的月球

069　地球上的生命是如何诞生的呢？

回答：作为可自我复制的分子形成了RNA，然后形成生命，这种
　　　RNA世界说最为有力。

　　随着大海的形成，地球上拥有了其他行星所不具备的特征，即生命的诞生。我们普遍认为地球上生命大约出现在40亿年前，初期地球的大气和大海中融有许多物质，由这些物质形成了作为生命必要条件的有机物。在大气中，太阳光和雷等能量是有机物合成的源头；在大海里，来自海底火山等的热量产生了有机物。

　　地球上的生命包括人类都是由有机物形成的，然而同样是物质，在有机物和生命之间很明显存在有自我复制能力和有自我意识的差别。那么物质究竟是如何演化为生命的呢？生命的形成来自有机物中的蛋白质和核酸。蛋白质制造生命的身体，并具有生成能量的代谢功能，核酸具有自我复制功能，并具有将生命信息由母体继承给子体的功能。

　　生命的起源有着各种各样的观点，无论哪一种观点都没有决定性的证据。但是在这当中最有说服力的是RNA世界学说。RNA是指从DNA开始形成蛋白质时，记录DNA信息的类似模具的东西、蛋白质是以RNA的信息为基础形成的。我们周围的生命中DNA具有在一代又一代之间传达信息的功能，RNA世界学说认为生命诞生以前，最初获得自我复制功能的分子可能是RNA。然而在这个RNA世界说中，目前还不清楚最初的

RNA究竟是怎样形成的,所以仍然是在假说范围内。

　　为了探寻生命的起源,现在人们关注的是深海的岩浆喷出孔(岩石裂口)。我们认为大海里最初诞生生命时,整个大海都处在如岩石裂口的高温高压状态下。因此通过研究岩石裂口周边栖息的好热细菌等微生物,我们可能会破解生命诞生的秘密。

从海底喷出200摄氏度到300摄氏度热水的岩浆喷出口孔(岩石裂口),一般认为岩石裂口附近的环境和地球诞生时的环境很相似

(出自:NOAA)

070　地球之外存在生命吗？

回答：地球外的生命目前还没有发现。

在广阔的宇宙当中，没有比地球更特别的天体了。地球上有着其他天体所不具备的东西，即大海与生命。这两个条件目前只在地球被确认到。

存在生命的天体，真的只有地球吗？这是包括科学家在内的许多人都在思考的问题。在科幻世界中，作为宇宙人会出现地球外生命，而现实中的宇宙，目前还从未见到过外星生命的痕迹。然而人们相信在广阔的宇宙中一定有外星生命存在，于是人类也尝试过向外星生命发送信号。

1972 年和 1973 年人类分别发射了行星侦察机先锋 10 号和先锋 11 号，机体上安装了金属板。这个金属板刻有男性与女性的人体画、太阳系的位置等，以向地球外生命告知人类的存在。

之后在 1977 年发射的行星探测器旅行者 1 号和旅行者 2 号同样记录了写给外星生命的信息。旅行者 1 号上不是金属板而是在铜板上镀金的唱片。上面记录了地球上各种各样的声音、音乐、人们的寒暄等等。

四个探察机均脱离了太阳系行星的轨道，现在虽然人们已经与先锋 10 号和 11 号失去了通信联络，然而与旅行者 1 号和 2 号的通信仍在持续着，仍可得知其现在的位置。旅行者 1 号在 2006 年 8 月到达太阳系的边际日球层顶。距离地球约 150 亿千米，成为人造物体到达最远的地方。

　　四个探察机发现地球外生命的可能性非常小，而且即使接触到地球外生命，也无法将消息告知地球。并且外星生命也不一定能够理解先锋号和旅行者号上记录的信息。广阔的宇宙还没有一处不落地探索调查，所以现在不能断言地球外生命不存在，然而我们目前仍未掌握直接探测的手段。

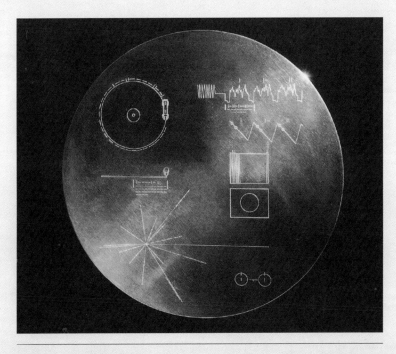

旅行者号探测器装载的唱片光盘。光盘的播放方法、记录形式等均被记录了下来　　　　　　　　　　　　　　　　　　　　　　　　　　（出自：NASA）

071　地球之外存在生命的可能性比较高的地方有吗？

回答：与地球很相似的火星是地球之外存在生命的可能性比较
　　　高的地方。

　　生命存在的必要条件是有机物、水、能量这三个要素。地球上存在的全部生命，都是以碳为基本的有机物组合而成。现在可满足这三个要素的恒星只有地球。然而纵观过去，我们认为三要素全具备的天体是火星。火星是由以硅酸盐为主要成分的岩石所构成，一天的周期约为24小时，并且有季节的变化，这些与地球极为相似。

　　地球上的有机物，是在地球诞生时大气（原始大气）在宇宙射线降临时合成的，并伴随着彗星和小行星的碰撞而得到供给。我们认为包围原始火星的大气与原始地球也非常相似，因此原始火星应该具有形成有机物合成的环境。

　　关于水，现在的火星表面虽看不到大海，然而火星两极地方的冠状地带的冰块自17世纪起就已被知晓。冠状地带的成分，我们最初认为存在二氧化碳的冰（干冰）和水的冰，然而根据2001年发射的NASA火星探察机（火星奥德赛号）、2003年发射的欧洲宇宙机关（ESA）的火星探察机（火星快车号）进行的观测结果，证实了冠状地带存在水冰。之后于2003年发射、2004年1月在火星上着陆的两台火星车型探测器"奋进号"和"机遇号"探察了火星的岩石和地层构造，发现了很多证据表明火星过去存在大量的水。

现在的火星上岩浆等的内部活动几乎看不到,在火星刚刚诞生时,火星上岩浆有着活跃的活动,为生命的诞生供应充足的能量。从以上的观点看,如果火星上曾出现过生命,那么是发生于距今30亿到40亿年之前的推断是最有力的。火星诞生之后10亿年左右,那时候火星的大海中很有可能存在生命。

送往火星的火星车型探测器
（出自：NASA）

机遇号探测器送出的火星上佛得角的维多利亚坑的图像
（出自：NASA）

072 火星上有水吗?

回答：在迄今为止的探察中发现火星表面确实曾经存在过液态水。

　　自 1960 年代起，有很多的探察机被送往火星。也是由于这些探察机，我们才能详细得知火星的地形和大气的组成，明白火星究竟是怎样的行星。特别是 1996 年美国发射火星探察机（火星全球探勘者号）后，令全世界的科学家注目的情报产生了。火星的环形山中，发现了很像曾经的地下水流淌的踪迹。除此之外还发现了没有水不可能存在的海或河的地形与构造。同时两台火星车型探察机"奋进号"和"机遇号"发现了曾经沉积在水中的地层，并发现了在地球上没有水便不可能形成的岩石的成分。

　　火星在 38 亿年前曾有大量的液态水，但现在已经不存在，迄今为止对火星的探查结果都证明了这个想法是正确的。水是生命诞生的一个条件。火星上存在水的事实，也许揭示着火星上曾有生命这个可能性。但是曾经存在的大量的水究竟去了哪里呢？

　　既有说法认为许多的水随着大气逃离了宇宙，也有说法认为水作为地下的冰残留着。关于这个谜团，2003 年欧洲发射的探察机（火星快车号）给出了明确的解释。火星上两极极冠广泛分布着二氧化碳的冰（干冰），火星快车号证实了火星南极的极冠附近存在由水形成的冰。

　　2007年8月美国发射的着陆型火星探察机（凤凰号），在火星的北极领域着陆后不久，就发现了土壤下面疑似为冰的物质。之后通过分析传送来的照片，我们得知火星的北极地区地表下也存在水。

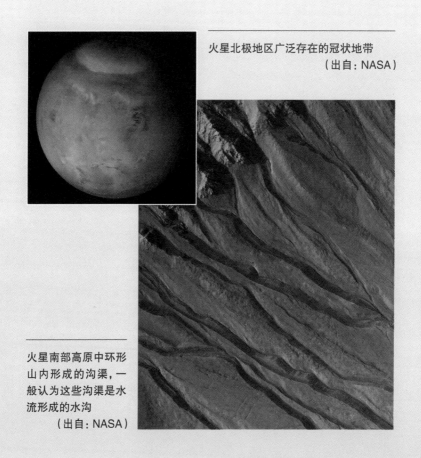

火星北极地区广泛存在的冠状地带
（出自：NASA）

火星南部高原中环形山内形成的沟渠，一般认为这些沟渠是水流形成的水沟
（出自：NASA）

第六章
飞往宇宙的人类

人类对宇宙充满了憧憬，从最初的火箭开始，航天飞机、航天飞机的后继机型，一直到国际宇宙空间站等，一次次地飞向宇宙。最后一章是关于人类飞往宇宙的轨迹。

073 迄今为止有多少人去过外太空呢?

回答:至2011年5月,世界上已有37个国家522人去过外太空。

人类最初飞向宇宙是在1961年。苏联发射了世界第一艘载人飞船东方1号,尤里·加加林少校乘东方1号绕地球运行一圈,时间为1小时48分钟,与现在的宇航飞行比起来时间是非常短的。然而,在人们都无法想象人类可以去到宇宙的当时,实际出发到宇宙空间,之后还能安全返回,这已经是足够令人震撼的壮举了。

在此之后过了大约50年,宇宙成为很多人身边真真切切的存在。在苏联(现在的俄罗斯)和美国的竞争中,宇宙的开发取得了急速的发展。除了这两个国家以外,其他的国家也陆续诞生了宇航员。包含弹道飞行在内,登上外太空高度超过100千米的人共达到522人。与其他国家相比,美国登上外太空的人数是336人,为世界之最。日本迄今为止送上太空的宇航员达到8人,位居世界第六。

1990年秋山丰宽登上原苏联宇宙飞船"联盟号",成为日本首次去往外太空的人。秋山当时是通过TBS和苏联的协定而实现的。担任日本宇宙开发的宇宙开发集团(现日本宇宙航空研究开发机构:JAXA)的目标是与NASA共同将宇航员送往太空,其首次航行任务由毛利卫完成。毛利是继秋山的两年后,即1992年时飞向宇宙的。此后,作为JAXA(原NASDA)、NASA的宇航员,向井千秋、若田光一、土井隆雄、野口聪一、星出彰彦、山崎直子乘坐航天飞机进入宇宙外太空。

　　飞往宇宙的飞行员是从许多人当中选拔而来的，还需经受特殊的训练，然而最近的情况有些改变。2001年美国实业家丹尼斯·蒂托作为民间百姓第一次飞往宇宙外太空，在国际宇宙空间站停留了6天。作为民间百姓登入外太空的榜样，蒂托为宇宙飞行支付了2 000万美元（按当时的汇率约24亿日元），是一笔非常高额的费用。在蒂托先生之后，2002年南非的马克·沙特尔沃思（Mark Shuttleworth）、2005年美国的格列格·奥尔森（Greg Olsen）飞向太空，2006年伊朗出生的美国人安萨里完成了宇宙飞行的经历。

新闻报道关于尤里·加加林首次成功宇宙飞行的文章

（出自：NASA）

074　人类可以在宇宙中生活吗?

回答:现在有6人长期生活在国际宇宙空间站。

　　100年前的人们认为在空中飞行是完全不可能的事。这个想法不仅是对当时的一般人,还是对当时的科学家们来说都是毋庸置疑的。但是现在人类在天空翱翔是理所当然的。去外太空已经不是那么值得震惊的事。当日本人前往宇宙外太空的时候,日本国内便会大肆报道,然而除此之外的情况便不会有什么明显的报道。而且在最近,出现了一些面向民间百姓开展宇宙观光旅行的公司。现在已经迎来了去宇宙本身就很理所应当的时代。

　　那么接下来人类的挑战是什么呢? 那便是在宇宙太空中生活,在宇宙里长期停留。提到在宇宙中生活,大家脑海中会想象到什么? 这关系到究竟到了一个怎样的状态才称得上是人类在宇宙中生活的问题。然而其实在宇宙太空中生活可以说已经实现了。现在地球上空约400千米的地方,有个绕着地球来回旋转的人造卫星,被称为国际宇宙空间站(ISS: International Space Station)。国际宇宙空间站长期有6人停留,虽然人数少,但人类在宇宙太空中生活的状态已经被创造出来了。

　　然而仅仅这样就认为人类可以在宇宙中生活的话,还是有些为时尚早。人类可以停留在宇宙中虽已然成为事实,然而每次可容纳人数仅仅只是6个人,这是一个很少的人数。实际上,现在我们人类当中也只有特别的人才可以在宇宙中停留。即使是这些特别的人，也只能在ISS中连续停留最多6个月。因为人类在宇宙太空中停留，会导致骨头变弱，肌肉衰退，对人体产生不好的影响。

　　为了确保人类可以在宇宙中生活，有必要先实现至少100人规模的群体在宇宙中生活几年，听起来像痴人说梦。然而现在的我们已经成功将人类送上外太空，这在100年前人们想都不敢想。因此100年后的世界会怎样我们并不知道。或许上万人在宇宙中生活也是可以的，仅仅是抱有这样的梦想也可以称得上是宇宙科学的进步了。

国际宇宙空间站内宇航员在庆祝圣诞节

075　国际宇宙空间站计划，有哪些国家参加呢？

回答：有美国、俄罗斯、加拿大、日本与欧洲11国共计15国参加。

　　宇宙开发的历史是国家与国家相互对抗的历史、竞争的历史。特别是领先于宇宙开发领域的苏联（现俄罗斯）和美国，为了捍卫国家的威信，一直持续着火箭开发、人工卫星开发、载人宇宙飞行等竞争，将全世界最早以及第一的称号当作国力的象征。

　　然而当人类步入在宇宙中生活的阶段时，国家与国家也首次形成了协作完成大事业的关系，那便是国际空间站。以美国、俄罗斯为首，加上加拿大、日本、欧洲11个国家共计15个国家共同参加宇宙空间站的建设，相互配合运作。是什么事才让大家由竞争关系转变为协作关系的呢？

　　1957年苏联旅伴1号发射成功，宇宙开发的历史就此拉开了序幕。之后美国和苏联为了国家的威信相互竞争，人类在宇宙的活动范围逐步扩展。

　　宇宙开发的许多领域苏联都趋于领先，宇宙空间站规划领先的也是苏联。1971年，世界上第一个空间站——"礼炮"1号发射成功。空间站接连发射到"礼炮"7号，到1986年和平号发射为止，一直都是载人飞行。礼炮号空间站的继承者和平号空间站一直使用到2001年3月为止。另一方面为了追赶苏联，美国于1973年发射了太空实验室1号，宇宙空间站的规划拉开了帷幕。太空实验室使得人类在宇宙停留的最长纪录一次又一次地被刷新，但1979年太空实验室4号坠落以来，计划就搁置了。

　　然而美国为了和苏联对抗，于1982年决定推进新的宇宙空间站计划。在当时世界，资本主义阵营和共产主义阵营是相对立的，于是集结了资本主义阵营的力量、作为领导者榜样存在的美国呼吁欧洲、加拿大、日本参加。不管是出于何种理由，从那时起美国便决定从单独进行宇宙开发改变为与他国协力推进。

国际上共同合作开发宇宙的象征：国际宇宙空间站

076　为什么俄罗斯参加了国际宇宙空间站计划呢？

回答：长年对立消失，美国和俄罗斯成为合作关系。

国际宇宙空间站的起源是1982年美国决定进行的国际宇宙空间站的计划，但之后这条道路并不简单。从决定后过了2年的1984年，当时的里根总统提出"10年内建设出人类能够生活的宇宙基地"的方针，面向宇宙空间站的实施计划开始付出具体的行动。次年1985年，欧洲、加拿大、日本决定参加此计划。

宇宙空间站的计划规模巨大，加入了很多功能，包括开发新材料等的材料实验，生命科学实验，以及将来要进行的月球及行星探索的中转基地。但由于需要庞大的开发费用，之后只以宇宙试验为目的的自由计划重新开始。自由这个名字包含着与共产主义国家对抗的象征自由的意味。

自由计划于1990年代曾经出现了岔道，随着本应作为资本主义对抗阵营的苏联的剧变，自由计划随之失去了继续推进的意义。加上美国的赤字开始再次膨胀，美国自身也思考对自由计划进行投资是否还有意义。结果在1993年克林顿总统时代，自由计划开始大规模地缩小，并更改为Alpha计划。

同一时期，继承了衰落苏联地位的俄罗斯也加入了Alpha计划。资本主义和共产主义的对立消失，打下了美国和俄罗斯缔结合作关系的基础，由此才实现了俄罗斯的加入。还有另一个原因。刚诞生的俄罗斯经济和内政的混乱，使得宇宙技术扩

散，导弹等作为军事技术有被其他国家使用的风险。俄罗斯决
定参加宇宙空间站计划是出于防止宇宙技术扩散的国际政治意
识而下的判断。无论如何，宇宙开发开始以来持续对立的美国
和俄罗斯相互合作，建设宇宙空间站即现在的国际宇宙空间站
的计划启动了。

国际宇宙空间站最初的共同生活的长期居留宇航员，包括美国的威廉·谢泼
德宇航员（中）、俄罗斯的尤里·吉德津科宇航员（右）和谢尔盖·克里卡列夫
（左）　　　　　　　　　　　　　　　　　　　　　　　　　（出自NASA）

077 希望你能告诉我一些关于"希望"实验舱的事情

回答：这是国际宇宙空间站设置的日本的实验舱。

国际宇宙空间站（以下称作ISS）是有着15个国家参加的国际合作项目。各参加国负担各种各样的技术研制，制造ISS并运营。其中日本负责"希望"号实验仓。

"希望"号是日本第一个正式的可供宇航员长期停留、进行生命科学和物质科学试验的载人宇宙设施。宇航员进行考察并实际操作实施人造卫星不能进行的复杂试验。

在那之前，一直以来日本人到宇宙进行试验的主要方法是搭乘航天飞机。由于航天飞机的老化，为了安全起见，发射次数被限制。而且日本人不能每次都搭乘航天飞机，因此日本人依靠航天飞机进行宇宙试验的次数也受到了限制。再者，航天飞机只能在宇宙太空停留两周，试验期间最长也只有两周左右，需要更长时间的实验就没有实施的地方了。于是在国际宇宙空间站上设置"希望"号实验仓，可以完全解决这些问题。

"希望"实验仓的特征是存在船内实验室和船外飞行站台的两个实验站台，特别是船外试验站台，将实验空间设施暴露于宇宙空间外实属罕见。于是同样是宇宙空间，国际宇宙空间站或航天飞机中将宇宙射线隔离的被加压环境下所不能进行的试验便可以在船外试验站台进行了。

船内实验室长度11.2米、内径4.2米、重15.9吨，最大可以容纳4人搭乘。在与船外实验台传递装置或资料等时，可通过船内实验室里设置的闸进行。

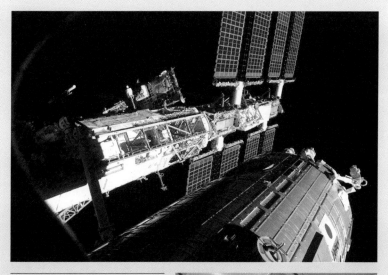

发射到宇宙的日本希望号实验舱

宇航员星出将驾驭机械臂从船内保管室移动到船内实验室

078　宇宙空间站中不穿宇航服可以生活吗?

回答: ISS内部再现了同地球大气一样的成分与压力,可穿着与
地球上同样的服装生活。

人类要生存首先需要的是空气。大气包围着地球,其中氮气约占79%,氧气约占21%,地面处具有约一个大气压的压力。国际宇宙空间站(ISS)具有密封性高的构造,房间中充入与地球大气同样比例的空气使室内保持一个大气压。相对于外侧宇宙空间的0气压,内侧为1气压,因此虽然内外气压有差别,但由于墙壁使用坚固的铝合金做成,可耐受压力差。ISS内部的空气环境,气体的比例或压力和地球环境基本一样,并且温度或湿度也保持在合适的状态,宇航员可以穿着和地球上同样的服装。

但是地面上空气的对流,即便是ISS也仍然无法实现。地面上的空气流动相对是自然的,而在ISS上却不会产生。空气对流是由于空气受热不均,受热的空气膨胀上升而形成的,这是由地球的引力造成的。ISS在宇宙空间因为感觉不到引力,并且ISS在狭小空间中为了保持密封的气压状态使空气无法对流,因此也无法如地球上一般扩散。

因此若产生了对人体有害的污染气体,这些污染气体将一直在ISS内漂浮,对人体会造成负面影响。于是ISS里会使用空调系统进行人工的空气循环,将人类排出的二氧化碳和因为其他原因产生的微量污染气体通过空气循环消除掉。

　　虽然ISS气密性高，但是在与宇宙飞船连接的时候或者是为了进行船外活动，会开关闸门，此时空气无论如何也会漏出去一些。一般2~3个宇航员停留生活在空间站时，氧气会逐渐减少。根据2003年的资料，一天的活动平均会流失3升（3.6克）的空气。在宇宙中无法形成足够的停留所需要的氧气和氮，因此流失的空气通过俄罗斯的补给飞船和航天飞机等方式进行几个月一次的补给。

为了让宇航员穿着普通的衣服生活，宇宙空间站内的空气成分比例和气压与地球上的一致
（出自NASA）

079   进入到宇宙中身体会发生什么样的变化呢?

回答: 刚进入宇宙时身体立刻起的变化为航天病。

我们人类进入宇宙, 会发生怎样的变化呢? 人类第一次邂逅宇宙外太空, 会产生失重的体验。我们平时完全没有意识过自己一直受地球的重力吸引。由于重力的吸引, 人再怎么使劲向上跳, 跳个数十厘米就会立即返回地面。在地球上生活的生物, 受地球重力的影响无法逃脱。在天空中飞行的也是, 常年受地球重力吸引。

载人宇宙飞行是地球上的生物第一次成功离开地球引力的体验。航天飞机和国际宇宙空间站在地球的周围运转, 这个轨道上的离心力和地球的引力达到平衡, 所以引力影响几乎没有, 成为失重的状态。进入失重的世界, 人类会发生怎样的变化呢?

首先发生的变化是得航天病, 症状有头痛、恶心、呕吐等。航天病会在失重状态下几分钟开始到几小时以内产生, 据说第一次宇宙飞行的宇航员 60%~70% 有这样的经验。

航空病的产生和不能感受到引力有着密切的关系。人类根据体内的感觉器官接收到的信息, 确认自己的姿势或动作, 控制肢体动作。其中眼睛接受的视觉信息、耳朵里面的耳石器获取的引力和加速度方向的信息、肌肉和肌腱的张力和角度的信息作为重要信息处理。在有引力的地面上, 3 种信息被明确传达, 而在失去引力状态的空间内, 耳石器所感受的信息与肌肉或肌腱所感受的信息消失了,只剩下通过视觉信息感受自己的姿势和动作等。失去了重力使得重要的信息传不到大脑,于是大脑变得混乱起来,这被认为是造成航空病的原因。

航空病一旦产生后不会一直持续。通过在宇宙空间里长时间停留,仅靠视觉信息也能慢慢获得上下的位置感觉,大脑的混乱就会复原,航空病便会逐渐消失。

宇宙空间站内进行的航天病实验

080　除了航空病之外，还会发生什么样的身体变化呢？

回答：除了航空病之外，脸会浮肿、背部会延长、腿会变细。

　　人类刚进入宇宙空间里会产生非常大的变化，除了航空病以外，脸会浮肿，身高会增长等，两者都是感受不到引力后而产生的现象。

　　人类在地球上会被引力所牵引。作为一个生物，整个身体被牵引的同时，身体当中的血液等体液也被地球牵引。因此在地球上生活的时候，比起上半身，体液更容易积存在下半身。工作中长时间站立，体液在腿部下方开始积压，脚部就会变得浮肿。

　　然而，在宇宙太空里不受重力影响后，原本被牵引到脚部方向的体液会向上半身方向移动，其移动量会达到 2 升。这个影响让脸部浮肿，整个面部变成圆形。浮肿的面部看上去像圆月一样，这个现象被称作"月亮脸"。与此同时，头部变成充血的状态，人会感觉脑袋肿胀、鼻塞。原本在下半身的体液上移之后，腿部会随之变细。

　　之后随着重力的消失，身高也会增长。在宇宙太空中测量飞行员的身高，平均增高 3 厘米。最多有增高 7.4 厘米的记录。虽说如此，进入宇宙中身体并非急速成长。在地面上由于引力向地球方向作用，身体会随着引力被按压。宇宙外太空里受引力的影响消失，身体被按压的力量也消失，脊柱骨和脊柱骨之间产生缝隙。脊柱是由从颈椎到尾骨共 32 个骨头组成。每两个骨头之间即使只伸展1毫米，算下来总共也会扩展3厘米左右。实际上身高的拉伸和缩短，不仅发生在宇宙空间中，在地面上也是会产生的。早上起床时测量身高，比晚上测量要高1~2厘米。在每天的活动中，人类通常有1~2厘米的背部伸展收缩的反复。引力会在不知不觉中给予我们很大的影响。

宇宙空间站内，测定宇航员在宇宙中生活时人体的生理会发生何种变化的情景 　　　　　　　　　　　　　　　　　　　　　　（出自NASA）

081　在宇宙中骨头会变脆弱，是真的吗？

回答：在宇宙外太空会以在地面上约10倍的速度减少骨量。

在宇宙中长期生活后，人类的身体会渐渐习惯宇宙空间的环境。航空病引起的浮肿或头痛等症状会渐渐好转，会更容易把握空间。体液的移动也适度地放缓。然而与此同时身体还会产生其他一些困扰的问题，这就是骨量的减少。

我们知道上了年纪后，每年人体约有1%~1.5%的骨量减少，进入宇宙外太空以后，一个月就会有如此多的骨量减少。可以算出人体在太空上以在地球上约10倍速度减少骨量。由此我们也可得知宇宙环境是多么残酷。

为什么人体的骨量在太空里比在地上更容易减少呢？这当然也和引力有关。骨量的减少并不是在全身范围内无差别产生的，腰椎和大腿等在引力的作用下用以维持姿势的骨头的骨量会显著地减少，反之胳膊等骨骼几乎没有变化。宇宙外太空骨量的减少是由于少了一个重力 G 的结果。

那么为何引力消失会引起骨量减少呢？这和骨头的作用有着很大的关系。包括人类在内的生命的起源要追溯到海洋中，当大海中的生命开始登上陆地时，生命感受到了一直从未感受过的力量，即重力的作用。在大海中生活的时候，海水里向上的浮力和向下的引力相抵消，结果身体感觉重力变小。然而在没有浮力的陆地上，便要承受被地球牵引的 1 G 重力。为了承受这个重力，支撑身体的就是骨头。骨头是在陆地上朝夕生活的动物为了承受1 G重力而形成的基础构造。如同宇宙空间那样,大部分没有重力的地方,强化骨头是没有必要的。因此骨量的减少可以说是人类适应宇宙空间的结果。

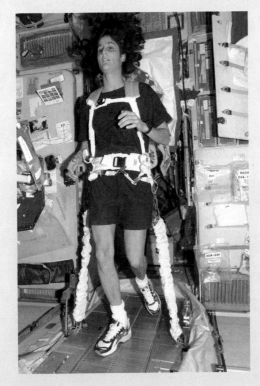

宇航员为了在宇宙中生活时腰部等骨骼和肌肉不退化,有必要每天坚持运动
（出自：NASA）

173

082 宇航员在宇宙中有自由的时间吗？

回答：有，宇航员们用各种各样的方式度过自由时间。

　　宇航员前往宇宙外太空完成各种各样的工作，会进行太空试验和国际宇宙空间站（ISS）的建设等。然而在宇宙里的这段时间，不停歇地工作是不可能的。宇航员工作之余是有自由时间的。

　　人类生活在地球上，在公司工作的时间和在家里度过的自由时间应该占了人生的大半个时光。但是宇航员在太空中几周到几个月的期间，只能在航天飞机或ISS这样狭小的空间中度过。工作是当然的，除此之外的进餐、睡觉等与生活息息相关的事情也在同一个空间里完成。工作和生活不在一处，可以让人调整心情，但是宇航员却没有这个条件。

　　正因如此，自由时间变得非常重要。如果热衷于喜欢的事情，心情自然会非常舒畅，变得快乐。在宇宙空间里明确地把握自己的兴趣和娱乐的时间是克服压力的重要方法。宇航员在飞上太空前可以携带用于个人兴趣或娱乐等的物品。有的人带上吉他、电子钢琴等乐器去演奏，也有人带上喜欢的书或DVD去阅读、观看。

　　日本宇航员土井隆雄首次在宇宙飞行中头顶足球，若田光一投了棒球。2008年土井在第二次宇宙旅行中带上了回旋镖，尝试在宇宙中回旋镖是否能准时返回。此外还有绘画、短歌、欣赏音乐等，宇航员度过自由时间的方法各种各样。从航天飞机或ISS的窗口看到非常美丽的地球和星星，眺望宇宙外太空拍摄出美丽的照片也是在宇宙太空中非常受欢迎的消遣自由时间的方法。

宇航员在自由时间里享受吉他的乐趣
　（出自：NASA）

穿上夏威夷衫放松
（出自：NASA）

083　宇宙中洗澡或者上厕所怎么办呢?

回答:在宇宙中不能洗澡,上厕所和地球上也有些不同。

　　人类的日常生活必然包括洗澡和上厕所。这是无论去哪儿都无法改变的。当然人类去宇宙外太空饮食后也要排泄,每日的生活起居当中身体也会变脏。那么宇宙中也能洗澡或者上厕所吗?

　　在地球上,人类为了让身体干净会泡澡或使用淋浴器沐浴。也就是说人类靠水来清理身体的污垢。我们一般都理所当然地使用浴池或淋浴器,这是因为地球有重力,所以才得以实现。然而在完全失重的宇宙空间中,首先水无法落下,浴缸积存水也是很困难的。其次宇宙飞船内有许多精密的机械和器具,四处飞散的水滴附着在机械和器具上会使其产生故障,大量的水滴从室内排出是非常危险的事。因此航天飞机和国际宇宙空间站(ISS)里没有浴室和淋浴。

　　那么,宇航员应该如何把身体清理干净呢?身体的污垢是用浸有沐浴露的毛巾擦身,洗头发会使用不会让泡沫飞散的专用干燥洗发水清除污垢,再用干的毛巾擦干,整个过程不用水就能清洁身体。

　　那么厕所呢?厕所是一个整洁的单间,具备和地球上的西方马桶一样的马桶。然而失重的宇宙太空所使用的马桶和地球上的还是有些不同,首先为了让身体不在坐便器上浮起来,需把双脚固定。地面上使用水冲厕所是理所当然的,但是宇宙太空不能像地面上那样使用水来清理厕所,所以采用气体吸引的方式。在没有引力的宇宙空间,如果什么都不做,粪便会在空中到处漂浮并和空气一起被吸收。粪便在吸入槽里被粉碎,真空干燥。小便是用电动吸尘器一样的软管吸取。粪便放入塑料盒里积存放在一起时,固定在定期给ISS补给食物的进步号无人补给飞船外,在补给船进入大气层时会被燃烧掉。

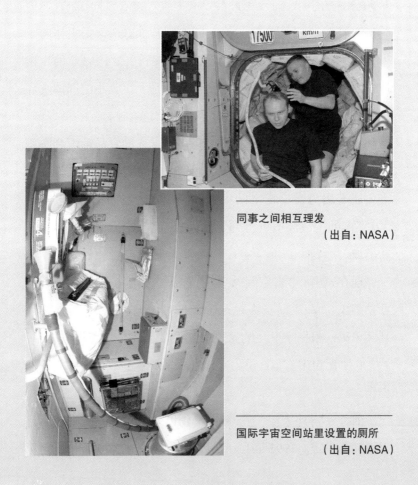

同事之间相互理发

（出自：NASA）

国际宇宙空间站里设置的厕所

（出自：NASA）

084 听说日本餐可以作为宇宙餐，这是怎么回事呢？

回答：太空日本餐是JAXA认定的，被加入宇宙空间站的食品
　　　单中。

　　人类首次遨游太空是1961年4月12日，苏联的尤里·加加林（Yuri Gagarin）乘坐东方1号环绕地球一周。由于是约1小时50分钟的宇宙体验，因此并没有用餐。接着在同年8月发射的东方号飞船2号上，杰尔曼·斯杰潘若维奇·蒂托夫体验了人类第一次在宇宙空间进食。另外，美国1962~1963年的水银计划中宇宙餐首次出现，此时的宇宙餐是一口大小的固体食品和试管装的辅食，但是并不受宇航员的欢迎。

　　随着时代的进步，宇宙空间里可以带入的食品种类和范围也在不断增多与扩大，包括干燥食品或速冻食品、罐头、速食品等。还有因为在宇宙空间里能够使用水或汤，电烤炉也出现了，宇宙的生活环境也得到了改进，因此宇宙的饮食菜单也不断增加。

　　现在，国际宇宙空间站（以下称作ISS）宇宙餐的菜单上的食物约300种，宇航员在地球上先试吃，把自己想吃的食物加到菜单里。根据宇航员的希望，ISS会决定将使用怎样的菜单。约300种食物中有200种由美国提供，剩下的100种由俄罗斯提供。

　　前往宇宙外太空，这300种食物以外的食物不能带吗？可以说并不一定。1992年毛利卫带去了咖喱，2005年野口聪吃了

拉面。不过这些食物终归只是被称作津贴食物,而并不是标准的菜单。

随着ISS计划更进一步的推进,今后日本和欧洲的宇航员去宇宙太空飞行的机会会进一步增多。为了使ISS长期停留的环境能够更好,JAXA邀请日本开始提供ISS正规的菜单,为了符合NASA的标准,日本的食品制造商也随之制定了宇宙日本餐的标准。至2011年5月,作为宇宙日本餐,拉面、咖喱、红豆糕等28个品种被认证。

宇宙航行前的宇宙餐品尝会 　　　　　　　　　　　　　　（出自:NASA)

085 对于宇航员来说宇宙餐有什么意义呢？

回答：宇宙食物，除了补充营养，还要有缓和压力和恢复精神放
　　　松身心的效果。

　　在宇宙太空里停留的方法包括航天飞机和国际宇宙空间
站（以下称作ISS）等。航天飞机在宇宙空间中停留2周左右，
处理各种各样的工作后便会返回。然而ISS需要在里面生活3
个月。在此期间宇航员们基本一直都在ISS内度过。也就是说
约3个月的时间，宇航员们处于被关闭在同一个房间的状态。

　　请想象一下。如果自己在3个月的时间内，在房间里一步
也不可以出去会怎样。生活2~3天左右虽然不是问题，但是在
同一个地方一直度过，定会觉得异常地憋屈。如果在地球上，
呼吸一些户外的空气可以转换心情，在宇宙太空里那是做不到
的。并且，宇航员是以分钟为单位制定日程表的，必须完成各种
各样的工作。由此也会对宇航员产生巨大的压力。

　　当今对于宇航员的生活环境的改善中，备受关注的就包含
饮食。如果在宇宙太空也能品尝到地球上吃的美味，仅此都可
一定程度上缓解宇航员们的压力，使心情愉悦起来。从宇航员
的立场来看，用餐是一件非常快乐的事，于是充实宇宙餐这一环
节很被看重。

　　现在的宇宙餐和最初的相比，种类不仅丰富，而且已然变
得非常美味。也能带入水果和蔬菜等各种新鲜食品。但是航天
飞机和ISS因为没有冰箱，新鲜食品发射到太空后，2~3天内必

须吃完。

　　最近宇宙餐的主流是速食品。享用速食品时，将食品夹在 ISS 的桌子上安装好的电烤箱上，上下两面同时加热。目前在宇宙太空里，据说只有用这个电烤箱加热和用水或汤泡开两种烹饪法。在这样的环境下怎样才能提供和地面一样的食品，研究还在继续。

国际宇宙空间站的烹饪场景，居住模块中的桌子就是厨房

（出自：NASA）

烹饪之后，这个桌子又成了餐桌

（出自：NASA）

086　在宇宙中也可以使用互联网吗？

回答：通过电波可以使用互联网。

　　这数十年以来，随着通讯技术的急速发展，全世界的电脑都通过网络连接起来。通过网络，无论在世界上的任何一个角落，信息的交换都能变得十分简单。最近不仅是邮件等文字信息，数据量多的视频的来往与传输也成为现实。正因为这样的时代背景，很多人好奇在宇宙中是否可以使用互联网。

　　理论上讲，即使在宇宙中也能使用互联网。在家庭或者办公室，使用电话线或光纤等媒介就能连接网络，宇宙中又是怎样联网的呢？以国际宇宙空间站（ISS）来举例说明，ISS 使用电波和地面互相通信，于是通过此电波也可连接互联网。可以考虑为 ISS 和地面的基地之间形成一个巨大的无线网络系统，然而 ISS 的电脑若进入病毒，会关系到宇航员的生命，因此使用了和地上不一样的方式。

　　和 ISS 交换电波的地面窗口设置在美国和俄罗斯。然而与这两个国家连接的线路方式是不同的，两者使用时间有差异。美国是通过人工卫星与地上基地连接，因此 ISS 无论在哪里都能连接。然而俄罗斯是采取 ISS 和地面基地直接交换信息的方式，因此 ISS 在俄罗斯另一侧时便不能同地面形成网络连接。

　　只要有互联网，便可像在地球上一样进行实时连接。在ISS 长期停留的宇航员中也有通过网络订阅数字杂志的，和地面的读者一样阅读。另外，ISS利用网络线路连接IP电话后也能够与世界上任何地方通话。

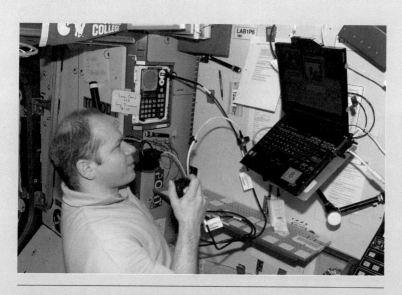

有发达的信息技术，可以和地面畅通无阻地沟通　　　　　（出自：NASA）

087 听说宇宙中也可以进行天气预报，是怎么一回事呢？

回答：为了减少太阳产生的等离子体粒子和放射线的灾害，产生了预测宇宙环境变化的宇宙天气预报。

在我们的生活当中，很关注的事情之一就是天气。事先知道第二天的天气情况，就知道是否需要带伞、预先计划的活动能否去做、洗好的衣服是否能晾干等。提前且正确地知道天气变化给我们的生活带来很大的影响。为此，人类预报天气的技术日益发展。

在21世纪的现代，不局限于地面而是包含宇宙的天气预报也登场了。宇宙天气预报是2003年10月末开始由信息通信研究机构内的宇宙天气信息中心机构提供的服务。根据人造卫星和地球上观测到的数据，预测24小时之内太阳耀斑、磁暴、太阳风暴、极光活动等将会怎样变化，并公布于网络。据说宇宙天气预报的网站每天有1 000以上的访问量，主要是来自世界上的宇宙相关机构。

那么，为什么我们需要宇宙天气预报呢？斯普特尼克1号成功以来，人类不仅发射了人工卫星，还通过把人类送往宇宙等各种各样的形式对宇宙进行了开发利用。我们也许会以为生活和宇宙没有关系，但是通信、广播、气象观测、汽车导航等社会生活中必不可少的系统都使用着人造卫星。并且地球上空400千米高度的空间上有国际宇宙空间站（ISS），宇航员作为我们的代表轮流替换常驻在那里生活着。即使不亲身进入宇宙外太空,我们的生活也并不是和宇宙毫无关联的。

　　地球周边的宇宙空间,大大地受到太阳活动的影响。当太阳的活动变得活跃时,地球周边会有许多等离子体粒子和放射线,对人造卫星产生障碍,使宇航员的健康受到影响。如果事先可以得知宇宙环境变化的话,便可以最小限度地抑制灾害的产生。出于这个观点,宇宙天气预报就产生了。

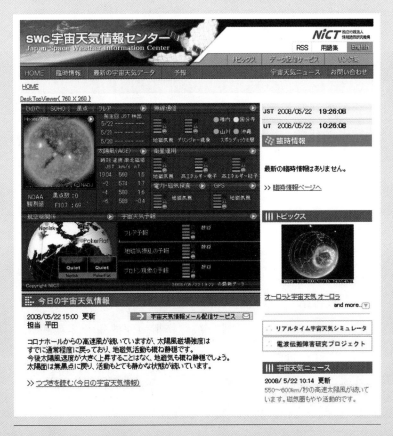

宇宙天气信息中心的网站(每天预报天气)

088　除了人类以外有动物去过宇宙吗？

回答：第一个进入宇宙太空的动物是狗，另外还有黑猩猩、金鱼、水母、青蛙等陆续去过宇宙。

离开地球飞往宇宙的不仅仅只有人类。或者说第一个进入宇宙的动物不是人类，而是狗。西伯利亚的杂种北极犬在1957年11月3日登上苏联发射的"伴侣号" 2号。北极犬是史上第一个到达宇宙的动物，最后并未返回地球。另一方面，美国1961年1月31日发射的水星-红石2号将黑猩猩哈姆送入了宇宙外太空。

宇宙开发的黎明时期，动物肩负着确认人类能否安全到达宇宙的任务，搭上性命去往宇宙外太空的事例有很多。正是因为许多动物的宝贵生命，载人火箭和宇宙飞船才能够被开发出来。

实际上人类进入宇宙之后，又有了新的兴趣。那就是地球上的生物到了宇宙会变得怎样。宇宙从一个去了就回的地方成为人类用来解答新兴趣和疑问的试验场。到目前为止，为了在宇宙上进行试验，草履虫、金鱼、水母、蜘蛛、青蛙等许许多多的动物去了宇宙。不仅是动物，被称作拟南芥的一种荠菜和黄瓜等植物以及培育的细胞也被运往宇宙进行了试验。当然人类也是动物，宇航员自己也是被实验者，也会使用自己的身体进行试验。这样就产生了宇宙生物学学科，调查研究生物在宇宙中会如何。

　　包含人类在内,地球上的生物一直都承受着1 G的重力。地球诞生40亿年以来,重力从未有过变化,所以人们会趋于相信重力是不可能变化的。但是随着宇宙中失重(0 G)状态的产生,人们开始认为重力也是会变化的。宇宙生物学便是通过研究在重力产生大的变化时生物的变化,而得知更普遍的生物构造的新学问。

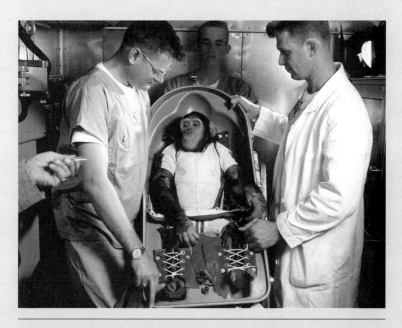

1961年发射的水星-红石2号将黑猩猩哈姆送到了地球上空254千米的地方
（出自：NASA）

089　宇宙中存在生蛋或者生宝宝的生物吗？

回答：第一个成功在宇宙产生两性生殖行为的动物是青鳉鱼。

　　1994年向井千秋第一次飞入宇宙的时候，4只青鳉鱼也随他一起搭乘航天飞机。这4只青鳉鱼肩负重要任务，不仅要在宇宙空间里进行两性生殖行为，而且还要确保生下的宝宝好好成长。

　　那是东京大学教授井尻宪一的团队进行的世界上首次脊椎动物的宇宙生殖试验。

　　但是为什么用青鳉鱼做试验呢？第一个理由是成长快。青鳉鱼从孵化到成鱼共3个月的时间。人类需要花费20年成长的时间，青鳉鱼则只需要八十分之一的时间就可以完成。还有地球上的鱼类在水中同时受到重力和浮力，所以接近无引力的状态。那么在没有引力的宇宙是否可以进行繁殖行为呢？再加上青鳉鱼可以在小的水槽内饲养，很适合有效地使用有限的空间。实际上4只青鳉鱼被放入的水槽也只有一个录像带那么大。

　　4只青鳉鱼平安到达宇宙，发射24小时后观察到第一枚卵。卵的数量日益增多，发射12日后，卵终于孵化，随之确认到青鳉鱼的幼体。15天中青鳉鱼合计产了43个卵，成功孵化出8只青鳉鱼幼体。

　　进入宇宙的青鳉鱼在返回地面后出现了一些异常情况。总是在水中自由来回游泳的青鳉鱼们一直贴在水槽底部。见到这番情景的井尻宪一怀疑青鳉鱼是不是都死掉了，然而过了一会儿青鳉鱼们又开始一如既往地游泳了，这是地球重力的小恶作剧。两周的时间受到零重力影响而悠闲游泳的青鳉鱼们，在返回地球后突然受到1 G的重力，在习惯重力之前一直保持不了平衡。最终所有的青鳉鱼都很健康。这些青鳉鱼的父母和子女被称为宇宙青鳉鱼，子孙后代在日本全国培育，直到现在还在继续繁殖。

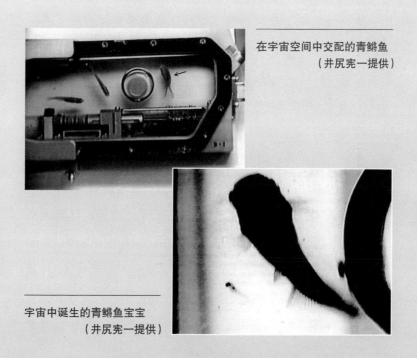

在宇宙空间中交配的青鳉鱼
（井尻宪一提供）

宇宙中诞生的青鳉鱼宝宝
（井尻宪一提供）

090 前往宇宙的四条青鳉鱼是如何选出来的呢？

回答：从2 000只青鳉鱼当中经过反复的严格的试验选定。

随着青鳉鱼试验的成功，人们得知了即便是在宇宙也能繁殖生物，这预示着将来人类有移居到宇宙空间并留下子孙后代的可能性。和向井千秋一起进入宇宙的是两雌两雄共计四只青鳉鱼。据说乘坐航天飞机是有限度的，由于使用航天飞机进行试验是非常珍贵的机会，所以选择4只青鳉鱼时实施了严格的选拔试验，以确保试验成功。

实际上在比这些青鳉鱼早约20年前的1973年，青鳉鱼的同类就已飞上了宇宙太空。然而刚到达宇宙，鱼便开始在水槽中一直持续着上下来回打转。打转是鱼患宇宙病后产生的行为。随着重力的失去，它们并没有感知"上下"的能力，于是滴溜溜地来回打转。这样的话这些鱼根本不可能有繁殖行为。由于这个先例，使用鱼类进行繁殖试验被认为是不合适的。

在那之后，人们尝试了使用老鼠和小白鼠进行宇宙生殖试验。无重力状态的空间内，他们的身体会浮起来，老鼠和小白鼠只是拼命地抓住饲养箱，因此同样顾不得产生生殖行为。

结果证明，同虫类和哺乳类的陆地动物比，鱼这样的水栖动物更容易习惯无重力的状态。于是在1994年的试验中，青鳉鱼被选择为实验对象。为了这次前往宇宙时不要乱打转，开始寻找无重力状态下适应度强的青鳉鱼。井尻宪一在反复的试验中，发现了一种更容易适应无重力状态的青鳉鱼，于是对这种青鳉鱼进行了培育。并且观察发现对失重有良好适应的青鳉鱼视力很好,于是又做了实验让青鳉鱼追赶旋转的条纹花样。

日本培育了2 000只对无重力状态适应度高的青鳉鱼,在反复的试验中锁定了300只,之后运往美国的肯尼迪宇宙中心(KSC)。KSC经过反复的试验,更进一步锁定候选的青鳉鱼。之后在试验剩下的青鳉鱼中,选择了20只每天都会进行繁殖行为的青鳉鱼。搭载航天飞机的当天进行最终的身体状况检查和行动的检验,之后选择出4只青鳉鱼前往宇宙。

青鳉鱼的视力检查(通过调查青鳉鱼是否可以跟上旋转的黑白相间条纹检验视力)

（井尻宪一提供）

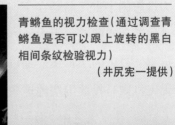

肯尼迪航天中心中饲养青鳉鱼的样子　　（井尻宪一提供）

091　听说航天飞机就要退役了？

回答：航天飞机 2011 年 7 月 21 日退役。

常年以来一直支撑载人宇宙开发的航天飞机随着 2004 年美国发表的新宇宙战略，于 2011 年 7 月 21 日退役。这一年国际宇宙空间站（ISS）竣工，竣工的同时航天飞机的任务也随之完成。

航天飞机是美国制造的世界上首个阿波罗之后的再利用型宇宙船。从 1970 年代起开始持续推进开发工作，第一次飞行是在 1981 年 4 月 12 日。在那之前宇宙船是使用了一次就舍弃的形式，为了更安全更有效率地运用，开发反复利用的宇宙飞船是当时的目标。

随着宇宙飞船的登场，宇宙开发的蓝图大幅度地改变。因为设想的宇宙飞船是在宇宙和地球之间来回飞行的，所以宇航员的活动空间造得很大，也保证了可以有空间放置各种各样的行李。过去的宇宙飞船是以进入宇宙和返回地球为目的的，航天飞机则是投放围绕地球一周的人造卫星，在宇宙空间进行载人试验，在宇宙之中"做一些什么事情"的飞船。而且飞行员从过去的 2~3 人增加到 7~8 人，探索宇宙的范围随之变大了。

过去 5 架航天飞机总计飞行 120 多次，现在仍然在活跃的是发现号、亚特兰蒂斯号、奋进号。最年轻的奋进号也使用了 16 年，最旧的发现号使用了 24 年之久，人们非常担心它们老化。20 年前制造的工业制品是相当旧的，譬如说放眼望去身边的电器，20年前的电气化制品有多少我们现在能够看到呢？应该几乎是不存在吧。

　　为了确保航天飞机安全地运行，需要反复修理和检查，有时内部的机械材料也会大幅度地进行替换。但是运行成本和预想比起来要大得多。所以ISS完成后，航天飞机也引退了，将任务让给后续的机种。同年7月亚特兰蒂斯号完成最后的任务，航天飞机全部退役。

支撑了宇宙开发和宇宙实验25年以上的航天飞机　　　　　　（出自NASA）

092 现在有没有考虑航天飞机的后继飞行器呢？

回答：作为后继太空船，"猎户座"列入计划。

退役的航天飞机的后继机已经开始开发。名字定为"猎户座"。很显然这个名字来自有名的冬季星座猎户座。猎户座在冬季黑暗的夜空中也是非常引人注目的星座。据说是因为自古以来猎户座一直作为旅途的明灯指引着旅人的方向，所以将其选作新型太空船的名字。

"猎户座"形状并不像航天飞机那样带着翅膀，而是像阿波罗那样的密封舱。不过"猎户座"的内部空间是阿波罗号的2.5倍。阿波罗号每次使用都会丢弃掉，而"猎户座"可以反复利用10次，从这点来看，两者在设计上也是不同的。如果是前往国际空间站（ISS），可以搭载6名宇航员及货物，如果是去月球，可以搭载4名宇航员。

现在已经生产了"猎户座"的实物模型，完成了用于发射中断系统的火箭引擎燃烧试验。在2008年末进行了首次飞行试验的发射中断系统的试验。同时"猎户座"机体材料的选择也在推进当中。据说材料的候补于2008年3月被运往ISS，安装在欧洲实验模块"哥伦布"的外侧，接受宇宙环境的耐久试验。

将"猎户座"带往宇宙的新型火箭已经确定为"战神（Ares）"。战神（Ares）是火星的别称。是将火星探测纳入视野的带有积极意义的名字。两段式火箭，第一段是采用同航天飞机的固体燃料助推器相近的方式，第二段使用阿波罗计划所用的"土星"火箭的J-2引擎的改良版。从构造上我们可以知道，战神（Ares）融合了美国两大宇宙计划——阿波罗及航天飞机的技术。航天飞机退役后，在"猎户座""战神（Ares）1"完成之前，美国的宇宙输送工具处于空白状态。为了尽可能缩短这一空白期，美国正在加速研发。不过进程比起当初的计划还是晚了一些，预计"猎户座"的首次飞行将在2015年以后。

目前美国正在开发下一代宇宙飞船"猎户座"　　　　　　（出自：NASA）

093　空间碎片是什么呢?

回答: 空间碎片是漂浮在宇宙空间中的垃圾。

在人口密集的城市里,经常会听到关于垃圾的问题。因为来不及处理排放出来的垃圾,不法丢弃的垃圾不断增加。另一方面,现在宇宙空间中的垃圾问题已经变得很严重。自1957年"伴侣1号"发射升空以来,人类将大量的物品送入宇宙。发射升空次数超过5 000次,地球成了被大量人造卫星所围绕的天体。

不过人造卫星不可能永远活动。人造卫星使用一段时间后就会结束活动。活动结束之后人造卫星如何处理呢?大部分就是那样放着。人造卫星一旦发射到宇宙空间之后就很难清除。除此以外,发射时使用的火箭的一部分、损坏的人造卫星、螺丝、零部件等大量的垃圾围绕在地球周围。类似这样漂浮在宇宙空间中的垃圾被称为空间碎片。

空间碎片从几米到几毫米不等,形状大小各式各样。据说包括几毫米的碎片在内的空间碎片达到了大约3 500万个。人类的活动扩展到宇宙中,本应该是很值得高兴的事情。但是垃圾污染了地球甚至是宇宙空间。而且空间碎片不仅仅污染宇宙空间,还会使宇宙空间陷入危险的状态。

空间碎片以每秒7~8千米,大约相当于新干线速度的100倍的速度运动。万一空间碎片碰到了现在正在使用的人造卫星、ISS、航天飞机等,怎么办呢?机体受到伤害,留下空洞,最坏的情况就是整个机体遭到破坏。如果是碰到ISS、航天飞机的话，甚至会危及航天员的生命。实际上，在1996年7月，就发生了法国的人造卫星同行李箱大小的空间碎片相撞而损害的事故。今后我们不仅要解决地球的垃圾问题，还要处理好宇宙中的垃圾问题。

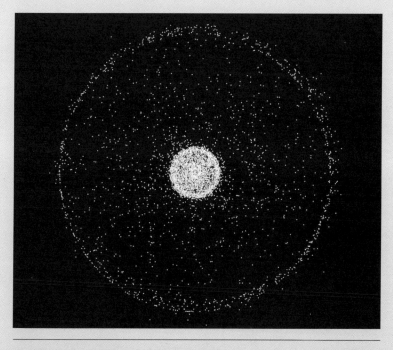

地球周围漂浮的空间碎片 （出自：NASA）

094　空间碎片有解决的方法吗？

回答：我们考虑了一些不产生空间碎片的方法，不过目前还没有根本的解决对策。

空间碎片是人类活动排出的宇宙垃圾。首先现在可以做的事情就是不再向宇宙中排放垃圾。到现在为止已经发射升空的人造卫星中有大约3 000个现在围绕地球运转。其中有很多现在还在工作的，也有已经结束使命依然在运转的。对于由于寿命等原因结束使命的人造行星，如果不是放任不管，而是控制其进入大气层的话，可以使其同大气进行摩擦燃烧。如果各国或者机构将使用完毕的人造卫星脱离运转轨道，然后都能够负责任地将其燃烧掉的话，仅仅这样就可以减少大量的空间碎片。

几厘米以下的空间碎片，很多是火箭或者人造卫星所残留的燃料爆炸后产生的。将使用完毕的人造卫星从运转轨道上清除，可以减少由爆炸产生的小碎片。那能否将所有投送到宇宙中的物品都返回大气层，这是不能保证的。所以在生产火箭、人造卫星的时候，需要好好考虑下如何设计可以将残留的燃料排到宇宙空间中进而防止爆炸。

不过这些方法只是为了今后不再释放垃圾，并没有清除已经存在的垃圾的方法。陈旧的火箭以及人造卫星，在地面上已经不能够控制，所以没办法清除。

空间碎片最大的问题，就是可能会撞击现在使用的人造卫星、国际空间站。因此为了回避撞击的危险，需要对空间碎片进行监视，对于大小在10厘米以上的要确认其轨道。如果能够知道其运行轨道，就可以提前获知撞击的危险性，从而制定对策防止出现事故。不过为了根本地解决问题，必须要考虑如何清除已经存在的空间碎片。为此JAXA正在研究使用火箭卫星回收空间碎片的方法。

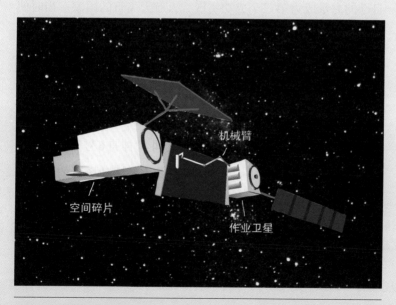

机器人卫星回收空间碎片的示意图

095 听说最近中国的宇宙开发取得了进步，进步到了什么程度呢？

回答：中国成功发射火箭，并成为世界上第三个实现载人航天飞行的国家。

宇宙开发的历史就是美国、俄罗斯竞争的历史。宇宙开发的构图以这两个国家为主导，日本等其他各个国家则处于努力追赶的地位。

不过最近几年，这一构图发生了变化。2003年10月15日搭载1名宇航员的宇宙飞船发射升空。此时的火箭及宇宙飞船既不是美国的也不是俄罗斯的，而是中国的。一瞬间中国凭借自己的力量成为第三个成功实现载人航天飞行的国家。当时使用的火箭是长征2F型，宇宙飞船是"神舟5号"。

而且两年后的2005年10月12日，中国凭借"神舟6号"第二次实现了载人航天飞行。"神舟5号"围绕地球14周，飞行大约21小时后返回地球。而"神舟6号"搭载了两名航天员，历时115小时32分钟也就是飞行了5天时间。"神舟6号"由发射时配置的推进组件、作为停留在宇宙中的主要活动场所的轨道组件、作为返回地球密封舱的返回组件等三个组件构成。轨道组件用于提供太空进食、睡袋、厕所等，以度过舒适的太空生活。

2008年9月，"神舟7号"发射升空，进行了第三次载人航天飞行。这次任务搭载了3名宇航员，成功实现了首次太空游泳。此外在月球探测方面，2007年10月，成功发射月球探测器"嫦娥1号"。今后中国还制定了宇宙开发计划,包括无人探测机的月球着陆、宇宙空间站的建设、火星探测器的发射等大型项目。

　　中国的宇宙开发始于20世纪50年代末。自1970年长征1号火箭发射成功以来,中国确实具备了一定的实力。虽然1995年长征2E型火箭及1996年的长征3B型火箭发射失败,但是1996年之后连续成功发射了60次,连续成功次数世界第一。中国已经跻身于宇宙开发领域的世界顶级行列。

长征2F型火箭发射的载人宇宙飞船"神舟6号"

（出自：space.com）

096　中国之外，还有哪些国家发展了宇宙开发呢？

回答：还有印度。印度也加大力度开发人造卫星及火箭，实力也接近最顶尖水平。

　　继中国之后还有一个在宇宙开发方面具有实力的国家，即印度。印度自1962年开始致力于宇宙开发事业。印度开始宇宙开发事业是希望通过宇宙开发提高军事技术及科学技术，特别是希望培养以信息技术（IT）为中心的民间部门技术，以促进经济的增长。

　　印度于1975年4月使用苏联的宇宙火箭发射了国产卫星"圣使"号，1980年国产SLV火箭成功发射。以这些技术为起点，集中投资作为宇宙开发核心的人造卫星及火箭领域，并取得了进步。

　　在火箭方面继SLV之后，于1992年成功发射了小型火箭ASLV。两年后的1994年使用可以将人造卫星投送到穿越地球北极和南极上空极地轨道的PSLV火箭，成功地将资源探索卫星及通信卫星安全送入轨道。PSLV作为印度的骨干卫星不断成长，不仅发射了印度的卫星，还发射了德国、韩国、比利时的人造卫星。2004年9月在PSLV的基础上，可以投放大型卫星的GSLV的实机首次飞行获得成功。在2006年7月GSKV发射失败之前，印度火箭连续成功发射了12次。超过了日本H2A连续成功8次的记录，印度开发了新型H2A火箭——GSLV Mark Ⅲ。2008年10月，印度用一枚极地卫星运载火箭成功地发射了印度首个月球探测器"月船1号"。2013年11月,印度首个月星探测器发射升空。

　　印度宇宙开发的特征是预计10年、20年之后的情况来推进现在的计划。以现在开发的二段式完全再利用型发射机为例来看,该火箭预计在2025年发射,2010年发射试验机。试验机使用的技术采用了比现有技术更进一步的技术。到2025年左右不知道印度所设定的火箭或者飞船能不能实现,但是可以预见不管是采用了什么样的技术,只要拥有最先进的技术,就能够得到很好的处理。此外,其不限于完全的自主开发,印度根据需要同美国或者欧洲缔结合作关系,具有拿来别人新技术的广阔胸怀。今后的宇宙开发印度同中国一样受人注目。

印度的骨干火箭PSLV
（出自：ISRO）

203

097 世界上好像也有几个国家计划探索月球?

回答:宇宙空间站的下一个课题是月面基地及月球资源开发。

　　2004年美国制定了新宇宙政策,自发表再次进行载人月面探测以来,美国再次将注意力集中到了月球上。作为继国际空间站之后人类挑战的又一个课题,月面基地的建设是最有力的。实际上继2007年9月的"月亮女神塞勒涅"之后,2007年10月24日中国的月球探测器"嫦娥1号"发射升空。之后还有几个月球探测计划。

　　首先来看下成功发射"嫦娥1号"的中国的计划。嫦娥的名字出自嫦娥奔月这个中国古老传说中仙女的名字。"嫦娥1号"沿着距离月球200千米高度的轨道运行,用时一年进行科学探索以把握月球的构造及地形并探索月球的进化过程。中国在"嫦娥1号"成果的基础上,于2010年10月,成功发射"嫦娥2号",2013年12月,成功发射"嫦娥3号",实现月面软着陆。计划于2017年前后通过"嫦娥5号"将月球表面物质带回地球。

　　2009年,美国发射月球探测器"月球勘测轨道器,LRO"。LRO是在2004年发表的美国新宇宙政策的基础上,进行的第一次月球探测。为了今后实现载人宇宙探测计划,进行了相关的研究,调查可以安全着陆的场所、是否拥有水等资源、月球表面的射线对人体有什么样的影响等。另外,美国于2011年9月10日发射了"圣杯"姊妹月球探测器。

　　另外,印度也于2008年向月球发射了探测器。名字是"月船1号",梵文意思是"月球交通工具"。"月船1号"自然不仅要探索月球的起源及进化,还担负着收集今后月面资源开发利用相关基础数据的任务。同"月亮女神"一样,沿着距离月球100千米的轨道运行,原计划用两年时间收集相关数据,但约1年就结束了任务。除此以外,俄罗斯也计划于2015年前发射月球探测器"月球–水珠"。

日本的月球探测计划并没有在"月亮女神号"升空之后终结,原计划在21世纪10年代中期发射"塞勒涅2号"探测器,推迟到2017年发射登陆月球探测月球表面。而且也计划着将来由日本人进行的载人月球探测。

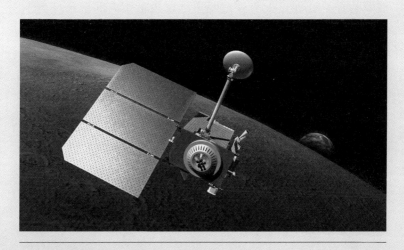

美国的月球探测器:月球勘测轨道器　　　　　　　　　　　　　　（出自：NASA）

098　月面基地建成了吗？

回答：美国考虑在2022年实现人在月球常驻。

2004年1月，乔治·布什总统就美国的新宇宙政策发表了演说，根据该演说，很明显美国准备再次启动载人月球探测计划。20世纪60~70年代，美国推进了阿波罗计划，取得了世界上唯一将人送上月球的伟大业绩。不过自1972年12月发射"阿波罗17号"以来，35年间没有进行过载人月面探测。

为什么现在再次启动载人月面探测计划呢？首先可以说的是，人类在进出宇宙的时候，月球是不可避免要通过的地方。人类发射了很多人造卫星及探测器，逐渐知道了遥远的星系及星球的样子。人类自身也以为到达了很远的地方。实际上人类所到过的地方基本上就是地球上空数百千米的圈子。现在阿波罗的登月计划是人类到过距离地球最远距离的记录。为了能够到达太阳系的其他行星，首先需要创立可以自如来去月球的技术。

除了到达"更远"的宇宙，载人航天技术的另一个目标，就是在宇宙中待得"更久"。凭借国际空间站，人类可以临时在宇宙中生活。下一步的目标就是定居宇宙。美国计划在2015~2020年间再次将人送往月球，到2022年实现常驻。为了使人能够常驻月球，需要在月球表面建设基地。当然月球表面基地计划也在同步进行。

人类凭借以ISS为首的宇宙空间站的建设，开创了人类长期停留在宇宙的先河。通过载人月面探测可能实现定居宇宙这一人类长年期盼的梦想。

建设月球载人探测基地的构想图　　　　　　　　　　（出自：NASA）

099 月面基地将在月球的什么地方建立呢?

回答: 目前考虑在月极附近建设月面基地。

　　美国计划2022年左右建设好月面基地,实现人在月球常驻。另一方面日本以宇宙航空研究开发机构(JAXA)为中心也开始了月面基地计划的探讨。日本预定2015年使用无人探测器去月球表面进行调查,在调查信息的基础上确定包含是否建设在内的月面基地计划。

　　那么,月面基地建设的场所目前还没有决定吗? 其实也不能完全这样说。现在一般认为建在月极附近是最好的。为什么月极附近好呢? 理由就是很容易获得能量。从国际空间站、人造卫星等使用的动力源就很容易明白,宇宙空间中最容易获得的可利用能源是太阳能。配置太阳电池板,只要有阳光,不需要特别的装置或者材料就可以随时随地用电。

　　月球中可以稳定获取太阳能的地方就是月极附近。就像地球在自转作用下,有照得到光的白天也有照不到光的夜晚一样,月球也分白天和黑夜。只是月球的白天和黑夜同地球相比更长。地球白天、黑夜大致每隔12小时交替一次。而月球的白天黑夜的交替时间换做地球时间的话是15天。也就是说,在经过地球时间的15天的白天之后,再经历大约15天的黑夜。现在如果想在月球赤道附近建设基地的话,也具备相应的建设条件。不过在赤道附近建造,就会有15天的时间无法使用太阳能充电,这期间的能量如何确保呢? 必须要解决这个问题。

　　从这点来看，在月极附近存在像地球上的极昼那样太阳不会落下去的地方。在这里建设基地，就不必为能量问题而发愁了。此外，在月极附近还有一个好处就是便于同地球传递信号。不过这仅仅是现在的说法，随着月球探测的发展，如果在月球上找到可以方便使用的能源的话，即使在赤道附近建设基地也不会有问题。

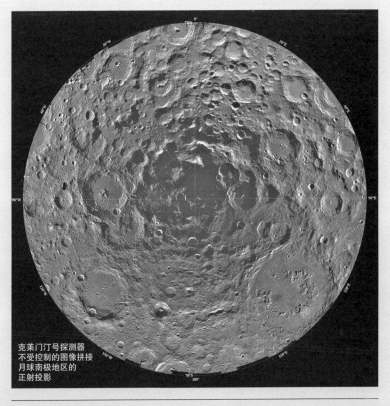

月球南极附近的样子　　　　　　　　　　　　　　　　（出自：NASA）

100　火星的载人探测实现了吗？

回答：载人火星探测计划，过去探讨过几次，不过没有具体的
　　　实施。

　　同月亮一样，火星也作为载人探测的候选地。火星就在地球的外侧运转，同地球有很多相似点，所以成为首个载人行星探测的有力候选地。从距离上来说，金星更近一点，不过金星的表面温度达到了480摄氏度，比最靠近太阳的水星温度还高，并不具备很好的载人探测环境。

　　火星的气温从20摄氏度到零下140摄氏度不等，但是比起温差幅度为125摄氏度到零下170摄氏度的月球，其气温差还是比较稳定的。一天的周期是24小时，自转轴是倾斜的，存在四个季节，这点来看同地球是一样的。此外，确实存在着空气，虽然空气只有地球的二百分之一。火星被认为是太阳系的行星当中除地球以外人类唯一可以居住的行星。

　　实际上在2004年发表的新宇宙战略中，美国提到了要在将来实现火星载人探测。会议也同意增加预算用于火星探测。日本在进行月球探测的同时，也计划继续载人火星探测。对于能否实现火星载人探测，现在还不能下结论。月球距离地球大约38万千米，需要两周到一个月的时间完成1项任务。但是地球到火星最近距离为5 500万千米，最远距离为9 900万千米。载人火星探测是一项至少花费一年时间的大型项目。

　　从技术上来说，肯定会遇到比月球更大的困难，也会花费

很多资金。宇宙开发相关的预算,不管是哪个国家都是来自国民支付的税金。也就是说,如果不让该国国民看到投入的巨额资金所带来的价值,就无法实现宇宙的开发。不仅仅是火星,月面基地也是如此,如果不说明花费高额预算的意义,不经过多数人同意,计划只能是纸上谈兵。今后的宇宙开发,将其意义及价值传达给更多的人,获得更多人的认可,是关系到成功与否的关键要素。

载人火星探测的
构想图
(出自: NASA)

索　引